高等教育工业设计专业系列实验教材

工业设计导论
从学生到产品经理

INTRODUCTION TO INDUSTRIAL DESIGN
FROM STUDENTS TO PRODUCT MANAGERS

俞书伟　李振鹏　张　煜　主　编

中国建筑工业出版社

图书在版编目（CIP）数据

工业设计导论：从学生到产品经理 / 俞书伟，李振鹏，张煜主编．—北京：中国建筑工业出版社，2019.12（2022.8重印）
高等教育工业设计专业系列实验教材
ISBN 978-7-112-24374-7

Ⅰ. ①工… Ⅱ. ①俞… ②李… ③张… Ⅲ. ①工业设计－高等学校－教材 Ⅳ. ①TB47

中国版本图书馆CIP数据核字（2019）第233343号

责任编辑：贺　伟　吴　绫　唐　旭　李东禧
书籍设计：钱　哲
责任校对：芦欣甜

本书受中国计量大学重点教材建设项目资助

本书附赠配套课件，如有需求，请发送邮件至cabpdesignbook@163.com获取，并注明所要文件的书名。

高等教育工业设计专业系列实验教材
工业设计导论 从学生到产品经理
俞书伟　李振鹏　张煜　主编
*
中国建筑工业出版社出版、发行（北京海淀三里河路9号）
各地新华书店、建筑书店经销
北京锋尚制版有限公司制版
天津图文方嘉印刷有限公司印刷
*
开本：850毫米×1168毫米　1/16　印张：9　字数：211千字
2020年3月第一版　2022年8月第二次印刷
定价：56.00元（赠课件）
ISBN 978-7-112-24374-7
（34857）

“高等教育工业设计专业系列实验教材”编委会

总序

FOREWORD

仅仅为了需求的话，也许目前的消费品与住房设计基本满足人的生活所需，为什么我们还在不断地追求设计创新呢？

有人这样评述古希腊的哲人：他们生来是一群把探索自然与人类社会奥秘、追求宇宙真理作为终身使命的人，他们的存在是为了挑战人类思维的极限。因此，他们是一群自寻烦恼的人，如果把实现普世生活作为理想目标的话，也许只需动用他们少量的智力。那么，他们是些什么人？这么做的目的是为了什么？回答这样的问题，需要宏大的篇幅才能表述清楚。从能理解的角度看，人类知识的获得与积累，都是从好奇心开始的。知识可分为实用与非实用知识，已知的和未知的知识，探索宇宙自然、社会奥秘与运行规律的知识，称之为与真理相关的知识。

我们曾经对科学的理解并不全面。有句口号是“中学为体，西学为用”，这是显而易见的实用主义观点。只关注看得见的科学，忽略看不见的科学。对科学采取实用主义的态度，是我们常常容易犯的错误。科学包括三个方面：一是自然科学，其研究对象是自然和人类本身，认识和积累知识；二是人文科学，其研究对象是人的精神，探索人生智慧；三是技术科学，研究对象是生产物质财富，满足人的生活需求。三个方面互为依存、不可分割。而设计学科正处于三大科学的交汇点上，融合自然科学、人文科学和技术科学，为人类创造丰富的物质财富和新的生活方式，有学者称之为人类未来“不被毁灭的第三种智慧”。

当设计被赋予越来越重要的地位时，设计概念不断地被重新定义，学科的边界在哪里？而设计教育的重要环节——基础教学面临着“教什么”和“怎么教”的问题。目前的基础课定位为：①为专业设计作准备；②专业技能的传授，如手绘、建模能力；③把设计与造型能力等同起来，将设计基础简化为“三大构成”。国内市场上的设计基础课教材仅限于这些内容，对基础教学，我们需要投入更多的热情和精力去研究。难点在哪里？

王受之教授曾坦言：“时至今日，从事现代设计史和设计理论研究的专业人员，还是凤毛麟角，不少国家至今还没有这方面的专业人员。从原因上看，道理很简单，设计是一门实用性极强的学科，它的目标是市场，而不是研究所或书斋，设计现象的复杂性就在于它既是文化现象同时又是商业现象，很少有其他的活动会兼有这两个看上去对立的背景之双重影响。”这段话道出了设计学科的某些特性。设计活动的本质属性在于它的实践性，要从文化的角度去研究它，同时又要从商业发展的角度去看待它，它多变但缺乏恒常的特性，给欲对设计学科进行深入的学理研究带来困难。如果换个角度思考也许会有帮助，正是因为设计活动具有鲜明的实践特性，才不能归纳到以理性分析见长的纯理论研究领域。实践、直觉、经验并非低人一等，理性、逻辑也并非高人一等。结合设计实践讨论理论问题和设计教育问题，对建设设计学科有实质性好处。

对此，本套教材强调基础教学的“实践性”、“实验性”和“通识性”。每本教材的整体布局统一为三大板块。第一部分：课程导论，包含课程的基本概念、发展沿革、设计原则和评价标准；第二部分：设计课题与实验，以3~5个单元，十余个设计课题为引导，将设计原理和学生的设计思维在课堂上融会贯通，课题的实验性在于让学生有试错容错的空间，不会被书本理论和老师的喜好所限制；第三部分：课程资源导航，为课题设计提供延展性的阅读指引，拓宽设计视野。

本套教材涵盖工业设计、产品设计、多媒体艺术等相关专业，涉及相关专业所需的共同“基础”。教材参编人员是来自浙江省、江苏省十余所设计院校的一线教师，他们长期从事专业教学，尤其在教学改革上有所思考、勇于实践。在此，我们对这些富有情怀的大学老师表示敬意和感谢！此外，还要感谢中国建筑工业出版社在整个教材的策划、出版过程中尽心尽职的指导。

叶丹　教授

2018 年春节

前言
PREFACE

工业设计是一门与信息技术发展紧密结合的学科，可以说，工业设计学科的成长史，就是信息技术的发展史。随着信息革命汹涌而来，以人工智能、虚拟现实、5G等为代表的新技术对工业设计领域造成强大的冲击。企业、研究所等单位用人需求与高校工业设计人才供给之间的矛盾日趋激烈：用人单位希望招到可直接创造价值的员工，但刚走出校园的毕业生，显然无法适应这种挑战。

从一名工业设计专业的新生到一名工业设计领域成功的经理，从对工业设计专业表层、兴趣的感性认识到对工业设计知识掌握、运用的驾轻就熟，需要经历多长时间、跨过多少误区？人才的培养是系统性工程，先进的教育理念、优秀的师资队伍、丰富的教学设备、完善的教材体系缺一不可。因而，这个问题的答案只存在于探索的路途中。

撰写本书的三位作者都是在高校工业设计方向的专任教师。多年来，我们扎根于工业设计领域的教学与研究，见证了一批批极富热情的新生，带着对学习的美好憧憬进入教室，那是工业设计“生生不息”的动人图景。当然，我们也看见了新老生在面对学习和工作时共有的懵懂和疑惑。同在三尺讲台的教师责任促使我们不断思考、相向用力，这本书的诞生代表了我们的阶段性成果。

俞书伟老师一直在高校，从学生到教师，从一名讲师到年轻的副教授。师者，传道、授业、解惑也。社会在变化，对象在变化，问题在变化，思路也在变化，世界始终在变，不变的只有那份培养学生成长、成才的教师责任。因此，上好工业设计这门课，本身就是一份初心。

李振鹏老师从日本留学回来。留学生涯充满挑战，这也让人从中汲取养分更多，思考更加深入，特别是日本在设计方面的发达让人印象深刻，根植于东方美学的日本设计值得每一位从事设计人员去研究。中国社会正在快速发展，需要与之相适应的设计美学、设计教育、设计人才，需要工业设计领域以一种更为开放的态度去包容和互动。

张煜老师从经济学专业跨入工业设计专业，从在阿里、天猫、UED任用户研究员到返回高校任教师，一路挑战、一路风景。跨领域的经历，为专注于设计实战和兼顾更多的理论思考奠定了基础，对专业授课的认识、产品设计的研究、教育方式的创新都呈现出不一样的视角。

若从初心看，我们三人并非一开始就锚定了将设计作为终身事业。虽与设计的“缘分”或浅或深，但殊途同归，恰如三支从不同方向射出的箭，最终都落在了“设计”的靶子上。本书的诞生是在众多志同道合的前辈、同事大力支持下方才面世的，希望能为初涉工业设计人员提供一本直观、直接的学习教材，更期待本书的出版能为业界提升工业设计人才培养质量提供帮助。因水平有限，不当之处，还请各位专家、读者批评指正。

课时安排

TEACHING HOURS

■ 建议课时32

课程	具体内容	课时
大学之大与求学（12课时）	来源与使命	2
	关于趋势	2
	大学新兵	2
	大学老兵	2
	学有所成	4
职场初练（8课时）	职场小白	4
	职场沉淀	4
职场成长（12课时）	有组织的团队	4
	团队负责人、我是产品经理	4
	时代的悟性	4

目录
CONTENTS

Introduction to
Industrial Design

01

第1章　大学之大与求学

第1章 大学之大与求学

1.1 来源与使命

目的：了解工业设计起源、发展以及工业设计师职业发展的基本情况

意义：奠定工业设计师的职业基础

课程定位：工业设计的重要基础与职业发展

重点：设计师使命

难点：工业设计师职业

在每年高考填志愿期间，笔者都会接到许多考生的来电，咨询报考工业设计专业的院校选择、培养体系、就业前景等问题。大一新生入学后，最迫切想了解的也是工业设计专业的学习内容、课程设置、毕业方向等。在节奏日益紧张的大学学习中，同学们渴望在短时间内迅速把握这一专业的整体情况。但从目前来看，还没有高校专门针对这个问题而开设一门课程、编著一本教材。《工业设计导论》应运而生。

与高中学习相比，大学学习在方式和思维上都有所不同。大学更强调学生要主动参与学习、迅速转变思维、积极获取知识。专业课程的学习更是如此。作为辅助专业学习的先导课程，《工业设计导论》试图以深入浅出、生动可读的方式道明两个问题：一是工业设计要学什么，二是工业设计能做什么。这两点看似简单，要阐释清楚却很难。在时代不断发展变化的环境下，设计学的概念从内涵到外延已变得更加丰富。设计学不仅有传统的工业产品设计，还出现了产互设计、整合设计、服务设计等一些全新理念；设计师也不再是单一个体，以团队名义进行项目跟进、主动创新成为新的风尚，产生了产品经理或CEO的全新称谓，与社会的关联度空前紧密。内涵的丰富、理念的更新、角色的转换，赋予工业设计师新的时代气息。《工业设计导论》将从“大学”到“职场”两个场景变换的全新视角，探讨大学学习和职业成长的关系，具体分为“大学之大与求学、职场初练、职场成长”三个部分展开讨论。

图1-1　小米与工业设计师创业（设计者：智米科技产品）

小米公司的创业团队中不仅有工业设计专业背景的刘德等工业设计师，在小米发展过程中还出现了小米孵化器—小米生态链公司。很多公司是以设计师作为主导进行创业的，如早期的智米科技创始人苏峻，后来小米的贝医生，这些都是工业设计创业的例子。不可否认，未来在产品线上工业设计师将发挥不可替代的作用（图1-1）。

1.1.1　起源：从设计到设计师

何为设计？从文字学意义上看，甲骨文（图1-2）中有关于“设”的解释（图1-3），其左边为“言”，商议谋划之意，而右边“殳”，为攻击之意。连起来的意思就是谋划作战。而“计”字的左侧也是“言”，右侧“十”为大量的意思，两者结合即大量谋划。可以推定“设计”一词的含义为大量的谋划作战。这会带来一个有趣的话题——在上古时代谁能进行大量谋划作战呢？战士还是百姓？首领还是术士？能够在那个时代进行大量谋划作战的不是高贵的部落首领，也得是统领士兵的将军，由此看来早期能够称之为“设计师”的身份是非常特殊的。

继续探索，我们还会发现一些更有趣的事情，古时候著名的谋略者竟然很多是设计师，如管仲（图1-4）设计改良的齐国战车，诸葛亮设计的连弩（图1-5）、孔明灯等。那么古代的国君是不是也是“设计师”呢？相传黄帝就专门设计了指南车用于与蚩尤大战。那么，设计师的工作是否与CEO之间本身就有原始的关联？我们的回答是，设计工作不应仅是制图，而应与未来工作的全局谋划、规划联系在一起。设计师至少是“一个想做将军的士兵”。

图1-2 龟壳甲骨文字

图1-3 甲骨文“设”字

甲骨文，是中国的一种古代文字，又称“契文”、“甲骨卜辞”、殷墟文字或“龟甲兽骨文”，是汉字的早期形式，是现存中国王朝时期最古老的一种成熟文字，最早出土于河南省安阳市殷墟。其属于上古汉语（old chinese），而非上古或者原始的其他语系的语言。

图1-4 中国古代最有名的设计师 管仲

管仲（约公元前723年－前645年），姬姓，管氏，名夷吾，字仲，谥敬，春秋时期法家代表人物，颍上人（今安徽颍上），周穆王的后代，是中国古代著名的经济学家、哲学家、政治家、军事家，被誉为“法家先驱”、“圣人之师”、“华夏文明的保护者”、“华夏第一相”。

图1-5 诸葛亮发明的连弩

图1-6 包豪斯校舍

从“设计师——CEO”角色的转变来看工业设计的起源会有新的视角。从定义来说，工业设计起源于工业革命，有了工业革命之后才有工业设计。早期还出现了为工业设计奔走相告的智者与他们创办的学校和公司，如格罗皮乌斯、密斯·凡·德罗等人创办的德国公立包豪斯学校（图1-6）。由于社会生产方式的变革而产生了设计方式的变革，从低下的手工生产方式到高速的工业批量生产，使得早期的设计师们开始思考社会生产力与科技进步之间的关系。

从那个时代开始，“设计”已经不再只是贵族们把玩的艺术品，而成为走向社会大众的科技品。这种观念上的转变使得很多艺术家开始思考什么才是设计，也对设计的形式和特点提出新的主见和看法。在包豪斯看来这种设计（工业设计）是以功能至上的，它区别于纯粹的艺术。包豪斯的设计教育改革对后世的影响是十分深远的。

正是由于包豪斯的设计教育改革，使得工业设计师成为社会分工中的中坚力量。之后，世界历史上也出现了最早的职业工业设计师，设计不仅是一种生产力方式，更成了当时时代的新潮职业，一直延续到现在。那么，经过几百年的发展，这个职业会不会也类似工业革命时期发生的变革那样，其自身发生变革呢？会不会因为时代的变化使其工作内容以及职业内涵也发生变化呢？

1.1.2 设计师的前世

最早有记录且留名的设计师诞生于埃及——伊姆霍特普（Imhotep），也是埃及神话的人物，其名字得以留存在其设计作品上，主要因为他作为古代法老身边的权臣官职宰相。

有趣的是伊姆霍特普的出身并不显赫，开始的时候只是一个小官，但他拥有渊博的知识和惊人的智慧，为他所处的时代创造了许多奇迹。特别是在赛加拉（孟菲斯附近）设计建造了Djoser的阶梯式金字塔。这座阶梯式的金字塔是人类建造的第一座完全用石头构成的建筑物。当时的左塞王渴望人才，善于发现人才，他对建筑很热心，因此拥有建筑才能的伊姆霍特普抓住这一时机，一步一步走上了权力的中心，最终做到维西尔、总建筑师、祭祀长、农业大臣等职，取得了仅次于国王的地位。

可见早期的设计师是为权贵而服务的，而工业设计师是为大众服务的，在第一次工业革命时期，由于生产力的变革使得生产关系不能与之匹配，通俗地说就是原有的物质稀缺性被大机器的快速生产所打破，需要出现与之相匹配的生产关系，以及为该生产力变革而服务的商品（物质）设计。德国的包豪斯学院正是在这一大背景下诞生的，这些设计师将其对新设计的理念注入教育中，并结合社会生产直接提出了服务于工业革命的功能主义和大众设计，这个理念也随着科技的发展不断得到社会认可，工业设计师正是在这样的背景下成为时代的宠儿，成为与科技前沿的工程师和科学家并列的职业。之后，随着科技革命的进行，在不同年代都有其工作内容上的修正，一直发展到今天，工业设计师的职业以及工作内容出现了巨大的裂变。

1.1.3 今天的设计师

当下的工业设计，已经不再是200年前第一次工业革命时期的工业设计。社会已经从第一次工业革命的蒸汽时代进入信息时代，工业设计的内涵发生了巨大的变化，从早期专门针对具体产品进行有形的设计，进而分化出各种新的形式，如交互设计、信息设计、服务设计等。不仅如此，设计的方式也从最初的二维时代过渡到三维时代甚至四维时代（三维+时间）（图1-7）。科技飞速发展下的文明，似乎“工业设计”这四个字已经不能完全诠释这个时代的设计工作，“industrial design”这一来自国外的舶来品是否依旧可以承载起设计变革的使命？我们可以试着从历史中去追问。

图1-7 时代变迁图

1.1.4 从历史看待今天：设计的简史

大多数论述工业设计史的书籍，讲述的多是工业设计的诞生脉络，而对近现代工业设计的发展讲述较少。国内比较著名的相关书籍有何人可老师的《工业设计史》、王受之老师的《世界现代设计史》，其中最大的篇幅是关于包豪斯学院是怎么诞生和发展的，何人可老师的《工业设计史》还针对中国古代设计进行了论述，是一部较为完整的设计史书籍。

那么《工业设计导论》中是否有必要加入设计史呢？如果从学者的角度考虑那么答案是肯定的，从应用研究的角度考虑这个答案就会变得更加有意思。在导论中加入设计史的目的是为了将历史的经验应用于未来可能发生的事情，也就是为了弄懂历史规律，把握机遇。比如在各个国家经济发展的时候都对发展工业设计提出了相关的政策，中国也不例外，在《中国制造2025》中就专门强调了要发展工业设计。

文艺复兴之前，人的思维受到禁锢，权贵、信仰、生产力三者之间存在不可逾越的鸿沟。文艺复兴不断解放人本身，人们开始思考以人为中心的设计，而不是以神为中心。通过历史人物的思考，用行动证明新生产力才是未来，不断去跟旧生产力做斗争，终于在德国出现了全新的设计教育。早期的试验是德意志制造联盟，在包豪斯第一任校长的倡导下诞生了魏玛包豪斯大学（Bauhaus-Universitaet Weimar）。包豪斯的历史贡献有：

（1）强调集体工作方式，用以打破艺术教育的个人藩篱，为企业工作奠定基础。

（2）强调标准，用以打破艺术教育造成的漫不经心的自由化和非标准化。

（3）设法建立基于科学基础上的新的教育体系，强调科学的、逻辑的工作方法和艺术表现的结合。将教学的中心从比较个人的艺术型教育体系转移到理工型体系的方向上来。

（4）把设计一向流于“创作外型”的教育重心转移到“解决问题”上去，因而设计第一次摆脱了“玩形式”的弊病，走向真正提供方便、实用、经济、美观的设计体系，为现代设计奠定了坚实的发展基础。

（5）打破了陈旧的学院式美术教育的框框，1920年包豪斯重要教员、色彩专家约翰尼·伊顿创立“基础课”，在此以前是没有所谓基础课之说的。同时创造了结合大工业生产的方式，为现代设计教育的发展奠定了基础。

（6）培养了一批既熟悉传统工艺又了解现代工业生产方式与设计规律的专门人才，形成了一种简明的适合大机器生产方式的美学风格，将现代工业产品的设计提高到了新的水平。

由于历史原因，工业设计传入中国相对较晚，其快速发展时期主要集中在当代，国家频频出台相关政策扶持和发展工业设计，设计公司纷纷争抢人才。工业设计百花齐放的同时，出现了新的探索和问题，这个问题我们接下来将重点讨论。

1.1.5 工业设计师的职业和使命

职业工业设计师最早出现在美国，最著名的设计师当属罗维（图1-8），是当时美国最大设计公司的老板，他为美国工业的各类产品做设计，涉及交通工具、企业形象、产品标志等。当时这个职业不仅新潮，而且也是走在科技的最前沿，人们会觉得设计师很奇妙，很多产品都会出自于他们手中的那支笔，仅仅是一支笔就可以设计出美妙的产品，可以想象在当时设计师是多么紧俏的职业，据说罗维的公司最多的时候有一万多名设计师，在巨大的需求面前人才是最大的资源。之后，世界变得越来越平，信息流通也变得愈加快速，从发达国家的工业设计师职业饱和演变到设计输出到发展中国家，比如早期在中国淘金的国外设计公司。

图1-8 罗维与火车的照片

中国的传统设计起源很早，由于历史原因，中国并没有抓住前面几次工业革命的尾巴，落后就要挨打，中国经历了百年的黑暗时期，真正开始引入工业设计概念以及诞生工业设计师职业的大概在20世纪70年代中期，包括在后期成立的中国工业设计协会，之后国内各大美术学院开始引入工业设计教育。早期前辈如柳冠中老师、张福昌老师等分别从德国、日本学成归来，在中国的高等教育中进行工业设计思想的传播，发展到90年代，不仅有来自本土职业设计师，一些发达国家的设计师也来中国"淘宝"。比如最早进入中国的法国设计公司——法国伊莎贝尔设计公司，当时有公司愿意放弃巨大的欧洲市场，而进入中国市场进行工业设计服务在法国是不可想象的事情，因此，法国的中央电视台还专门就这个事情进行了特别报道，称其为第一个吃螃蟹的法国公司。当然伊莎贝尔公司进入中国市场肯定不是来赈灾的，外来的和尚好念经，中国公司为了打开欧洲市场需要付出高昂的设计费作为代价。如今国内的设计机构做得十分优秀，一般的外国设计公司轻易想来中国淘金也没有那么容易，在与中国公司的竞争中反倒是国内的公司在竞争中脱颖而出，并发展壮大，这远远超出了外国公司的想象。

这表明了两件事情：第一，需求驱动，中国对工业设计的巨大需求驱动了整个时代的设计发展，大量设计公司的出现，有百家争鸣之势；第二，工业设计服务也从早期的怀疑与来者不拒，转变为信任与特色筛选，一个人一台电脑就能够创业的时代一去不复返。

职业工业设计师的使命是什么？人最基础的需求是生存，作为职业首先要满足人的基本需求，在基本需求满足的前提下，才有所谓的使命，这是马斯洛需求理论。所以，工业设计师肯定也是有层次和条件，以及为此而带来的不同的使命。从脚踏实地来说就是做好一颗螺丝钉，把这个职业最落地的工作做好，这是初级使命。中级使命是什么呢？在普及的基础上，进行升级改造，逐步探索符合国内特色的设计化道路。最后，高级的使命是不仅强调国内，还要向国际进行设计输出，要把优秀的中国传统文化和工业设计传递给世界更多的人去享用。

1.1.6 大学之大之工业设计

要肩负起作为一名职业工业设计师的使命，仅有专业知识是不够的，还需要有扎实的人文素养、高尚的道德情操。概括言之，工业设计师必须“有理想、有道德、有文化、有纪律”。这些当然不是空洞的口号，对于工业设计而言，有着特殊的、具体的、丰富的内容。

有理想。没有理想就会失去前进的力量和目标。设计师如果仅是为了金钱，那么在设计的时候就会出现偷工减料的现象，后果将不堪设想。理想会让人更专注学习、思考与提升。在工业社会，理想不是简单的一句口号，设计师要将个人职业发展与社会发展联系起来，以更宏大的视野和格局去从事设计，真正发挥设计的作用。

有道德。道德规范是任何行业都必须遵守的底线。作为设计师，有道德体现在对个人私德、社会公德、职业守则的敬畏和遵守。个人的设计行为和作品，要诚信以待、坚持原创、公私分明；遵守社会公德，遵守职业守则，珍惜职业身份，不做危害行业、损害行业声誉的行为。从当前来看，设计行业中出现的作品抄袭、以公谋私等行为，无不是因为设计师在道德上出了问题。作为设计师，要不断加强个人道德修养，让设计作品和设计师本身一道，经得起时间的检验。

有文化。设计师文化涵养越深，设计作品呈现出的文化气质愈加浓厚，可供解读和赏析的角度愈加丰富。设计师不仅要汲取传统优秀文化的精华，还要善于以开放的姿态，吸收和借鉴国外先进文化的滋养；不仅要坚持学习，善于学习，不断提升自身的文化修养，还要善于将所学所思运用到设计过程中，赋予作品独特的文化语言。在未来的产品中，文化设计将是更深层的设计。

有纪律。纪律是对行为的监督。任何一个领域、行业都有自身的纪律规范。具备良好的纪律意识，是成为优秀设计师的重要条件。从工业设计诞生那一刻起，工业设计就是有纪律的。作为设计师学习的重要准则，需要将该准则应用于设计的不同阶段、不同环节中，设计调研、构思要有纪律，产品生产、推广要有纪律，凡是设计需要用到的每一个阶段都离不开纪律。

1.2 关于趋势

目的：了解工业设计发展趋势，以及工业设计师职业发展趋势与规律
意义：探索不同阶段的工业设计师的职业规律
课程定位：工业设计发展
重点：设计的趋势
难点：设计的趋势

趋势是一种力量，顺势而为、逆势难行。工业设计专业的发展同样也经历了几个不同的阶段，国内外的高校、企业都在不断的改革创新之中。伴随着改革浪潮，工业设计专业得到不同程度的成长，行业环境发生重大的变化，反过来进一步推动高校、企业对工业设计专业学科建设、人才培养的投入与研究。

凡事预则立、不预则废。对大学生而言，同样需要以前瞻的眼光、战略的思维，看清时代和专业未来的方向和趋势。面对这种不可逆转的趋势和力量，谁能提前洞悉，谁就能手握先机。

1.2.1 大学之大的趋势与格局

趋势的影响是潜移默化的。中国的工业设计专业发展较快，从个别学校少数专业招生到独立成系、建院，规模不断扩大，实力不断提升。根于传统、面向未来是中国高校工业设计专业在内涵建设和外延拓展上呈现的独特风貌。

传统的工业设计主要是做产品外观设计，由于早期产品的形式以机械形式存在，因此很多工科院校的工业设计专业都会设立在机械学院。随着专业的不断发展，学科硕士、博士点的设立，不同高校之间的专业竞争日趋激烈。经过趋同化的发展阶段，如何实现差异化、特色化发展成为摆在高校面前的重要课题。

新的趋势和格局在探索和实践中逐步形成。从国内看，一些高校已先行先试。浙江大学（图1-9左）的尝试是设立创新班，将工业设计设立在计算机学院，希望借助计算机学科的力量融合工业设计专业，这恰好也抓住了信息革命的趋势。由于创新班是打通学校内部所有专业的学生进行学习，因此，设计专业在浙大布局是连通整个学校的，这有利于专业整体水平的提升。近年来，浙大又提出要建立“设计开放大学”，其理念值得深思。与浙江大学不同，上海同济大学最大的尝试是国际化教学，专业授课中有大量的外教；北京服装学院成立设计标准化分会；北京大学（图1-9右）则先从硕士点开始招收工业设计专业学生。无论哪所高校，它们这样做的目的都是为了紧跟趋势、占领先机。不仅国内高校正在做多样的尝试，国外很多优秀的高校也做了大量的改变，如在设计学中融入了商业、信息、

图1-9 浙江大学与北京大学标志

科技等内容，以跨学科的合作方式丰富工业设计专业。由此可见，工业设计专业出现了一个明显的趋势，即竞争已经不再局限于原始的外观设计、专业之间的竞争，其已经延伸到了综合领域，包括商业、科技。值得一提的是，在不可逆的大环境下，一些企业的尝试走在了高校的前面。

1.2.2 企业发展的趋势和格局

在企业能够把控格局的前提下，不同的格局便会产生不同的结果。从不同角度探索工业设计趋势和发展的企业来看，可以分为三种类型——设计公司、制造型企业以及互联网公司。

设计公司（图1-10）。早期设计公司主要工作就是产品外观设计，对于公司而言，只需对设计师投入，便可得到与之相对应的产出，且只要有项目，公司就能盈利，所以我们可以看到很多人在设计公司做几年，就自己出来创业。从当前来看，不同设计公司专注的领域越来越细分，从长期从事某一领域的设计到依托一个领域不断拓展，从设计端做到了产品端、销售端。还有一些设计公司只做纯咨询的服务，甚至是数据研究型的咨询。比如一家外资的设计公司，它们专门针对表面材料处理每年发布趋势研究，这个只有七个员工的独特的设计公司一年产值是2000余万人民币。可见，设计公司的发展趋势是逐步出现分级，分级的标准并不是依据公司的人数和规模，而是依据领域和其在这个领域的专业性与独特性。

制造型企业。许多学生毕业之后都不愿意去设计公司，而是去制造业公司，调研其原因，多数回答是去制造业公司更加稳定。在制造业公司做设计，如表现出色，可从设计师升至设计总监，或者公司更高职位。如果在设计公司，最后选择离职重新创业的机率更大。事实上，作为职业发展的选择，稳定与否都只是作为对未来的一种预期。去制造业公司的并不是人人都能成为设计总监，设计公司的也是。从职业成就的角度来看，在那些能够为设计师提供良性晋升渠道的制造业公司，如华为、小米生态链等，员工获得发展的机会更多。

互联网公司。互联网公司是近期热门的就业选择，很多毕业生选择去互联网公司深造。这类公司最大的特点是“快速”：快速晋升、快速跳槽、快速创业，人才流动更加频繁。从年龄结构上看，互联网公司的设计师都很年轻，几年下来，就变成了公司的老员工，甚至刚入职就是设计总监。当然这里面还有一个“快速”，就是快速倒闭。有大量的互联网公司在风口中不幸“中枪躺下”。那我们应如何判断互联网公司的未来呢？线上和线下本身是一体化的，只是线上的入口理论上是无限的，而线下的入口是有限制的，因此，只要在线上做一个平台就可以面对所有的客户，资源垄断才是互联网公司的趋势。

图1-10　洛可可与瑞德设计有限公司

1.2.3　高校工业设计毕业生的“破”与“立”

工业设计毕业生就业在于“破”与“立”。很多学生毕业之后找工作，在选择单位时，固执地以自己的学科方向为唯一筛选标准，如所学为产品外观设计，便把从事信息交互领域的公司“一刀切”了。殊不知，“破”才能“立”。

这里所要探讨的，其实是“专业”究竟是什么概念？笔者有个学工业设计的同学，毕业之后考上了公务员，通过几年努力之后升任市长秘书。一次偶然机会，几个同学一起路过他工作的地方，聊起以前大学的生活，一个同学不解地问他：你怎么能够把工业设计的知识和你现在工作的岗位结合。那位同学笑了笑，说道：专业知识关键在于运用。比如，将工业设计调研方法运用于工作汇报，取得的效果是其他专业不能比拟的。当然，这个例子不是普遍性的事件，但从中可以看出，专业的应用并不是独立割裂和一成不变的，活学活用方能驾轻就熟。

另外，对于毕业生而言，机会选择和个人品德的重要性不比专业水平低。如本科毕业时，既找到了工作，又考取了研究生，是参加工作还是继续深造？这就需要选择。个人品德是伴随人一生的关键因素，直接影响个人发展的上限。认清自己、找准定位，才能对自己的发展趋势做更准确的把握。

1.2.4　工业设计师职业发展与求索

工业设计师作为职业是不是应该有一个认证呢？国家在广州、浙江试行了这个认证，分成助理、设计师、高级设计师三个层次，类似建筑师认证，但推广的速度并没有预想那么快速。对于设计师而言，特别是工作3～5年之后的设计师，该如何选择今后的职业发展道路呢？

第一种，“做一天和尚撞一天钟”。这样的情况并不少见。需要警示的是，人的生命是有限的，这样的做法是否对自己的人生负责，需要打上一个问号。但从另一个角度看，做和尚以及撞钟本没有错，关键在于时机。如我们都听说过的不鸣鸟的故事，专指楚庄王不鸣则已、一鸣惊人。很多成功的工业设计师都有厚积薄发的例子，沉淀自己才能成就自己。

第二种，聚焦专业。很多工业设计师的目标都会聚焦在做到专业最好，这当然是非常值得称赞的一种精神。细想之，这也值得思考，聚焦的前提在于你是否真正适合这个领域，并且愿意长期耕耘。笔者另一个同事的经历也可作为参考，他在毕业之后去了深圳一家公司实习，从事工业设计，多年努力没有太大成就。回来后决定不再从事工业设计，转而跨界做纸张生意，反倒取得成功。再谈起当年的决定，他认为自己实习最大的收获就是发现自己并不适合从事设计。当然，也有专注于设计的例子，毕业2年做到设计总监，毕业3年后开了设计公司。职业的发展方向是由多重因素决定的，关键在于清醒认识自己适合聚焦的领域。

第三种，从事管理。工业设计师在经过工作的洗礼之后，进入管理岗位，从最初的带一个设计团队开始，进入公司整体运行体制中来。这样的例子很多，包括中国工业设计协会现任会长，都是当年海尔公司优秀的工业设计师。做一个管理者，就需要设计师自身不断地拓展自己的业务渠道，在精通设计工作的前提下，参与到公司经营的业务上来。

第四种，另辟蹊径。世界上并没有一种标准，要求毕业生就业只能从事自己的专业方向。另辟蹊径是指在学习专业的基础上进行其他方式的职业选择，有哪些选择的可能性呢？（1）不做设计去经商，上学时创业：这条选择成功和失败并存。身边也不乏类似的例子，大三时休学创业，干了两年并不理想，于是回来继续完成学业，当然也有一些学生做得比较出色和成功。这种另辟蹊径的道路往往还是无法离开自己所学的专业。（2）一边工作一边比赛：希望通过设计比赛使自己在工作中脱颖而出，因为比赛是最能快速表现自己的平台，特别是一些国际认可的大赛。（3）辞职去追求梦想：如辞职去周游全国的，做自己的旅游笔记，却不小心成了“网红”，反而成就了自己。（4）其他意想不到的选择：这些另辟蹊径的道路，往往极富个性，是不谋世俗的选择，结果是好坏参半。

1.3 大学新兵

目的：了解素描、基础设计、色彩设计、计算机辅助设计等基础课程

意义：明确大学的角色与课程方向，发挥职责，展现能力

课程定位：工业设计基础课程

重点：基础与规范

难点：基础与团队

进入专业学习成为一名新兵，是成为职业工业设计师必经的阶段。工业设计的学习需要技法和思维同时训练、有序提升，这也是大学课程逐级设置的原因。开始是大量基础课程，中期是专业课程，最后是毕业设计，所谓“厚基础、宽口径、纵深度”。新兵的日子首先需从打好基础开始。

1.3.1 新兵蛋子急不来：素描、色彩、基础设计再到计算机

无论是通过普通高考还是美术高考，进入大学只是迈出了万里长征的第一步。新兵蛋子急不来，素描、色彩、构成“一个也不能少”。参加过美术高考的同学会问，高考学的就是素描、色彩，能不能在大学里申请免修？这个问题如同动画片《骄傲的将军》里的将军，技能日久生疏的道理每个人都懂。正面的例子就是卖油翁的“无他，唯手熟尔”。因此，作为大一新兵，除了专业课程外有各种其他的必修选修课，需要脚踏实地把每门课程学好。这些课程主要解决什么问题呢？前期的素描、色彩、构成的课程是为后面基础设计课程打基础。这些课程都是基础技法课程和思维锻炼课程，同学们需要在大一时快速掌握，方能在后面应用自如。比如素描，与素描后续衔接的课程很多，如基础造型、快速表现，这些课程，都需要在素描课程中把握好产品透视的绘制方法，同时掌握结构和明暗关系，快速地表现出来，这些基础课程和后面课程环环相扣，缺一不可。

当然，这些课程都可以用计算机进行模拟。在新兵时期会接触到计算机二维设计软件的学习，计算机的二维设计同样也需以此前的基础课程为依托，在基础课程的前提下，使用二维软件进行设计应用。因此，软件是一个工具，并不是手段和目的。

基础课程是如何解决问题的呢？我们以练习的作业为例回答这一问题。

（1）作业1

以一种动物为原型，寻找特征，并且逐渐演变，绘制9～16张动物抽象演变图。要求：演变最后能够通过单个体块来表示（图1-11）。

（2）作业2

在原来动物体块演变的基础上，结合机械兽的运动原理，重新设计一款机械兽。要求：重生机械兽能够独立支撑，并且实现机理运动（图1-12）。

图1-11　造型基础练习——动物形态演变（设计者：徐梓哲）

图1-12　造型基础练习——再生机械兽（设计者：赵硕威、卢思翔、石杨杨、周乔芮、黄嘉凯）

图1-13 造型基础——材料（设计者：杨美林、吴昊、谢雨阳、汪佳琦）

图1-14 造型基础——绘制平面设计图（设计者：杨美林、吴昊、谢雨阳、汪佳琦）

在这两个作业中，作业1最大的难点是抽象提取，如何抓住事物的主要特征，并且通过手绘的形式表现出来。而作业2的难点在于不仅仅是将抽象的体块具象化，而且要重新设计立体的作品，并且让作品动起来，这就需要同学们学会分解和重构。

（3）作业3

同样也是寻找一个动物，通过拼插形式来重新设计这只动物，在将拼插的动物设计并制作好的前提下，通过原理重构，增加简单机械电子结构来实现该动物的运动。

图1-15 造型基础——部件编号（设计者：杨美林、吴昊、谢雨阳、汪佳琦）

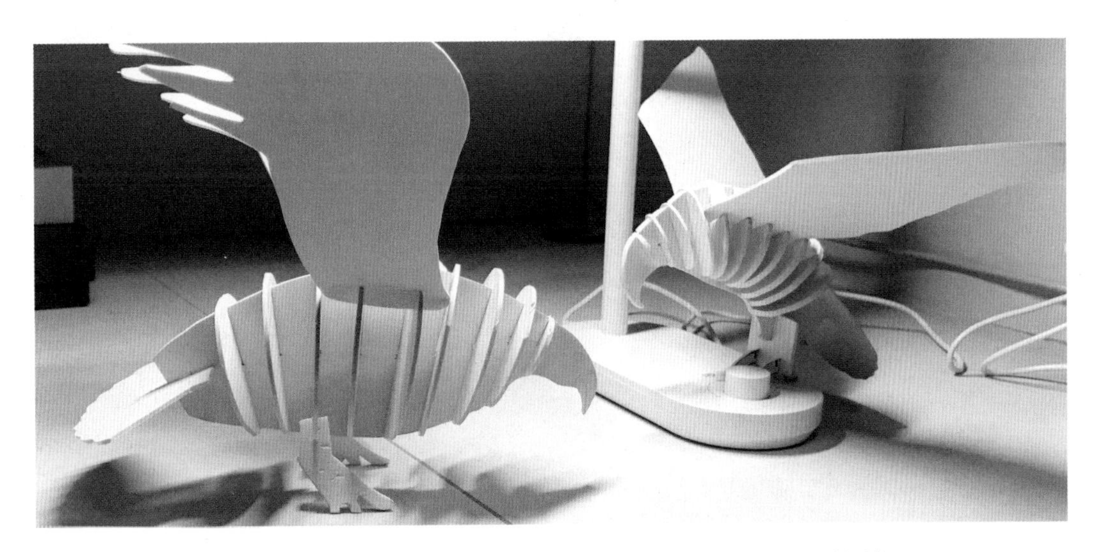

图1-16 造型基础——组装（设计者：杨美林、吴昊、谢雨阳、汪佳琦）

①材料选择

这个作业的材料尝试过很多种，如卡纸、瓦伦纸等，但似乎都不能很好地适应课程的需求，最后我们找到了泡沫板作为这个作业的材料，并且依据需要的厚度选择了不同的泡沫板（图1-13）。

②动物的选择和结构

最后选择了一种鸟类，观察它的主体以及要点。然后将这些主体和要点在一张泡沫板上分解成各个部件（图1-14、图1-15）。

③组装和拼接

将设计好的部件依据设计进行组装，展现立体图形（图1-16）。

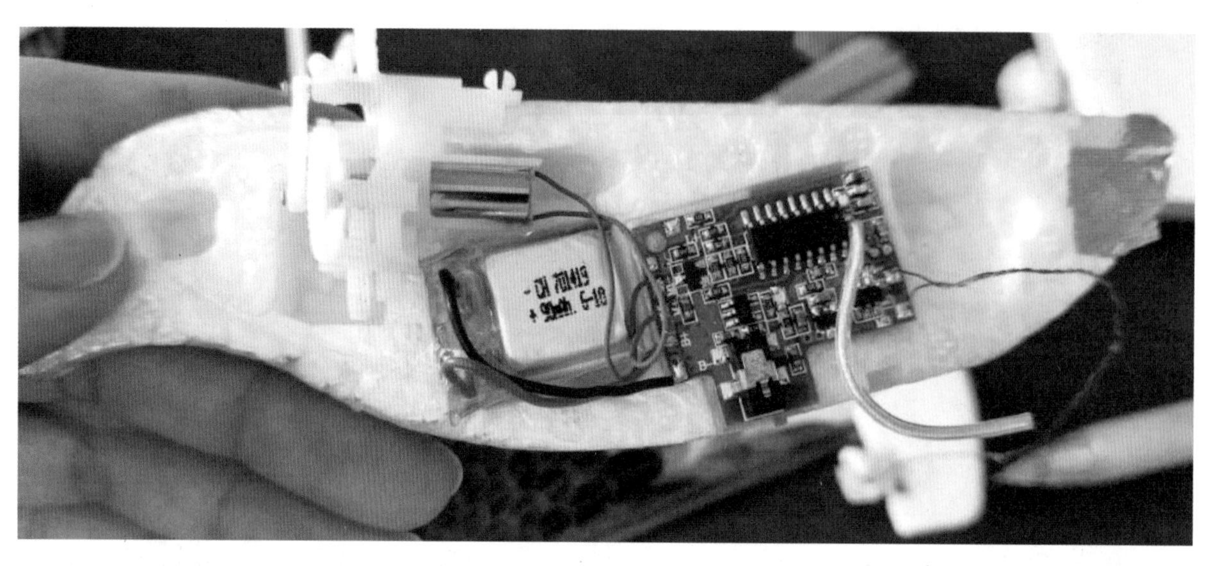

图1-17　造型基础——加入电子结构（设计者：杨美林、吴昊、谢雨阳、汪佳琦）

图1-18　造型基础——重构产品造型（设计者：杨美林、吴昊、谢雨阳、汪佳琦）

④装上电子

依据设计的原型，重新切割泡沫成型，将设计的电子元件组装进设计实物中（图1-17）。

⑤拆解和重构

针对动物的特点，先拆解之前的电子元件，再重构动物的动态产品。实验并尝试飞行或行走（图1-18）。

作业3的练习是针对学生在从二维到三维再到四维的一次高难度练习，主要的难点在于三种维度之间的转化，对于同学们来说最大的受益也恰恰是这种相互之间的转化。

（4）作业4：承重实验

要求：用瓦伦纸设计一款坐具，要求大小符合人机，通过瓦伦纸的拼插或者折叠等形式完成这款坐具。

图1-19 造型基础——承重实验（设计者：中国计量大学2012工设1全体学生）

图1-20 造型基础——承重实验（设计者：中国计量大学2012工设1全体学生）

考察点：拼接知识的完善性。

难点：承接重量的可靠性。

作业过程中（图1-19），同学们很好地依据课程中所学的基础力学、基础设计结构等知识，基本上都能设计出符合自身特点的作品。当然有时候也为了加大难度，希望在承重上能够承载多人的重量，如图1-20所示。在承重作业中不仅仅只设计一款坐具还可以设计更多的东西来检验设计基础实验。

（5）作业5：承重实验的演化

要求：设计一双纸鞋，用纸的拼插来制作鞋子的鞋底、鞋面，同时要求设计的纸鞋具有一定的美观性，并且能够穿上行走10米。

考察点：拼接知识的完善性，对脚型的研究。

难点：用最小的体积完成对身体体重的支撑。

这个实验的难度较大，失败率较高，课程中如果选择这个实验，首先需要同学们对自己鞋子的尺寸、鞋子的构成有一定的了解，同时还需要拆掉一只鞋子来研究为什么有些鞋子能够支撑力足，并且十分舒适，具有较强的研究性质。

（6）作业6：鸡蛋掉落

要求1：用瓦伦纸拼接设计一款包裹鸡蛋的装置，要求能够很好地固定生鸡蛋。

要求2：重新设计该装置的减震系统，从12米高空中自由落体或者抛物线掉落，保证装置中的鸡蛋不破。

考察点：拼接的固定系统及减震知识的完善性。

难点：掉落过程中会出现如鸡蛋掉落、减震失败等问题，需要通过相关知识积累去化解。

（7）作业7：逆风而行的小车

要求：以瓦伦纸或者泡沫板为材料，设计一款小车，运用能量转换和守恒原理，分解小车的受力点以及能量之间的转换。

考察点：能量转换、能量守恒。

难点：逆风而行。

这个实验的失败率较高，很多学生拿到这个课题之后无从下手。逆风而行？这是不是不符合能量守恒了呢？这几届中只有一组学生真正的成功了，其关键点还是对于能量守恒和转换的理解，像这些基础课程都运用到了大量跨界的知识，所以说学习工业设计，不仅仅只是画得好，还需要去融会贯通各类相关的知识，并且活学活用。

1.3.2 炖菜也有一番风味：基础理论与职业设计师的关系

基础课程除了技法类外还有理论类，比如“设计史论”。很多同学往往会觉得理论课程是鸡肋，可真相是这样的吗？为什么要学习理论知识？其实，基础理论知识与职业工业设计师之间的关系特别紧密，无论将来进入哪个设计岗位，都离不开设计汇报、职业规划等。通俗地说，会画仅能说明具备技能，能说会道又会画的才是真正职业的要求。基础理论恰好是对技能的补充，在设计论证、职业规划等方面给予必要指导。可以这样比喻，基础理论就如同是一份炖菜，其中风味还需小火慢炖才能体会。

此外，如果同学们想要继续深造，“设计史论”等相关课程是考研的必考科目。国内是这样，国外是不是也这样呢？事实上，国外比国内更加重视设计史类课程。一位意大利教授强调他们的设计史要上一个学期，比起国内的课程时长来说要长得多。这也许就是国外工业设计师出色的重要原因之一吧！

大学期间的学习对将来成为设计师影响深远。工作中可能会遇到三种设计师：会说也会做的设计师；会做不会说的设计师；会说不会做的设计师。产生区别的原因一方面取决于社会环境对理论学习重视的深度和广度，另一方面取决于设计师自身的学习基础、学习的主观能动性。当然还有一种设计师：不会做也不会说，基本上做了一段时间就被社会所淘汰了。针对基础理论学习，我们提出几点建议：

（1）博览群书，需知其然，还需知其所以然。

（2）结合深度学习与浅层学习，学会突出重点，抓住要点，变厚书为薄书。

（3）学而用之，将所学与所用结合，不断地加强练习。

（4）总结和归纳自己的方法，不断打牢理论基础。

1.3.3 观察力的世界：背起画筒的不一定是设计师

经过基础课程学习之后，同学们可能还会有一个疑问：背起画筒的一定是设计师吗？要成为一个设计师为什么必须要做这些基础练习？

细思，基础课程的目的是锻炼观察力，包括动手和思考的观察力，学会思辨看问题，从问题中进行自我学习。这就回到了刚才的话题：背起画筒的不一定是设计师，但设计师肯定是一个思考者，用极其敏锐的目光观察事物的变化，用专业的手法进行设计。“画筒”是工具，是用来将大脑的思考进行设计表达的窗口。假如时代变了，画筒也会变，说不定出现能够将思维具象化的工具载体，那么这种工具载体就是表达的窗口。观察力作为新兵时期所必须具备的不可或缺的能力，也是后期进入专业课程学习中造成同学之间能力差距的原因。

《变形金刚》电影为了还原原著中两个重要人物的形象，对设计稿几经斟酌。如威震天（图1-21）和擎天柱（图1-22），为了呈现威震天的邪恶，在整体形象以及目光角度不仅仅要突出其邪恶的本质，同时也要体现其作为霸天虎的头领所具有的威严。因此，设计的时候需要从这两个方面去调整。而擎天柱是正义的，也是具有英雄性质的领袖，要表现这一点需要减少人们对于机器的恐惧，增加亲和力，这两点在擎天柱人物的设计中都做得很好。这些要素在《变形金刚》系列电影的1、2、3、4部中擎天柱的形象变化显得尤为突出。作为一个好的设计师需要通过基础课程的练习学会：

（1）观察力，从设计角度和从用户角度分别切入。

（2）良好的设计表达能力，通过基础技能来进行设计表达。

（3）清晰的文字表达能力，通过设计说明，解决设计中的关键要素沟通。

图1-21 变形金刚手稿——威震天选稿

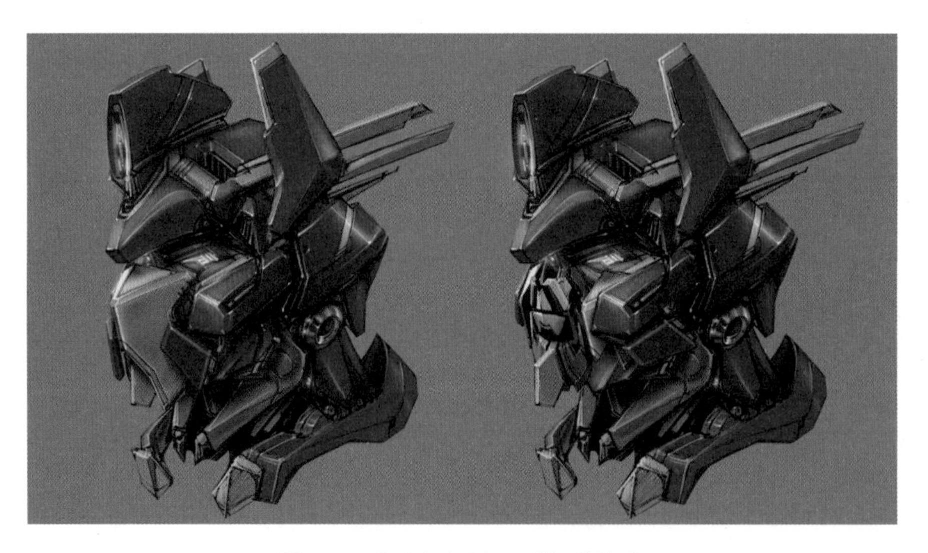

图1-22 变形金刚手稿——擎天柱选稿

1.4 大学老兵

目的：了解设计程序与方法、系统设计、专题设计、用户体验等课程

意义：明确核心课程内容，找好自我定位，展现能力

课程定位：工业设计专业课程

重点：设计与创新

难点：创新设计

新兵必定会升级成老兵，但不是所有新兵都会成为“大兵”。经过前期基础课程的洗礼，新生进入专业课程的学习。学习专业课程，需要将前期所学的技法和思维串联起来，进行综合吸收、消化，并且将学习所得用于参加各类设计竞赛项目。

这个过程是分阶段和分层次的。最开始的阶段是入门，即第一次进行设计课题。一般而言，“设计程序与方法”作为入门课程，是专业课程的基础和重点。之后，在“设计程序与方法”的基础上继续深入学习系统设计、专题设计、开发设计等。在这一阶段，基础显得尤为重要，专业实战像暴风雨般袭来，娴熟的运用能力要求使你没有时间再去“回顾”基础课程的相关知识，有些同学直到这个阶段才体会到打好基础的重要性。

1.4.1 不想做将军的士兵不是好士兵：设计程序与方法

“设计程序与方法”是专业课程中最重要的课程之一。无论是什么类型的设计，都需要程序与方法。它遵循的基本原则是“寻找问题、分析问题、解决问题”，以工业设计的思维去解决具体工作中的相关问题，并提出解决方案。在课程中，同学们不仅需要展现自己的设计技能，同时还要进行设计表达、团队合作。“不想做将军的士兵不是好士兵”，在“设计程序与方法”课程中，无论你是团队中的哪一种角色，你都需要努力奋进。因为在现实的设计课题中，只有第一名而没有第二名。因此，老兵首先得有做将军的勇气。

图1-23～图1-25是蔡同学第一次上“设计程序与方法”课程的作业，虽然很多想法并不是很成熟，体现了新兵的稚嫩，但我们已经能看到他对于专业的思考。新兵的热情是高涨的，学习的热情是高昂的。在“设计程序与方法”课程的入门学习中，主要注意两个方面：（1）明确设计的程序与方法；（2）归纳和总结属于自己的方法。

或许有学生会问，为什么这门课程一直强调“不想做将军的士兵不是好士兵”，为什么只有第一名没有第二名？现实告诉我们答案：设计公司之间的竞争是残酷的。只有第一名才能拿到设计业务，而第二名是没有设计费用回报的。

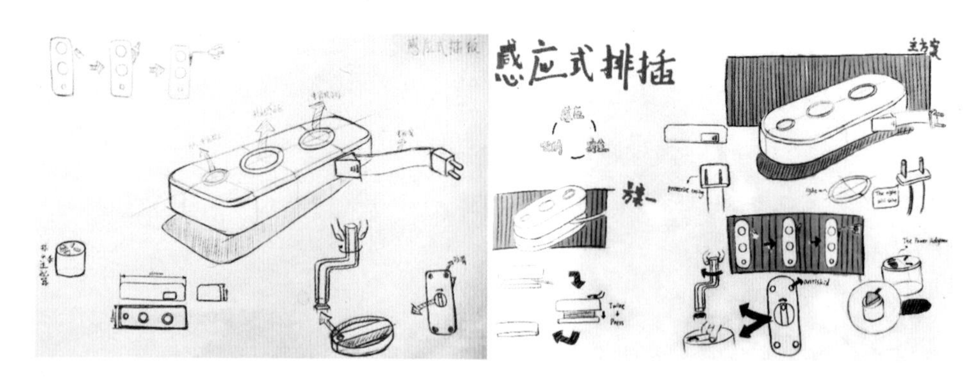

图1-23 插座草图（设计者：蔡俊杰）

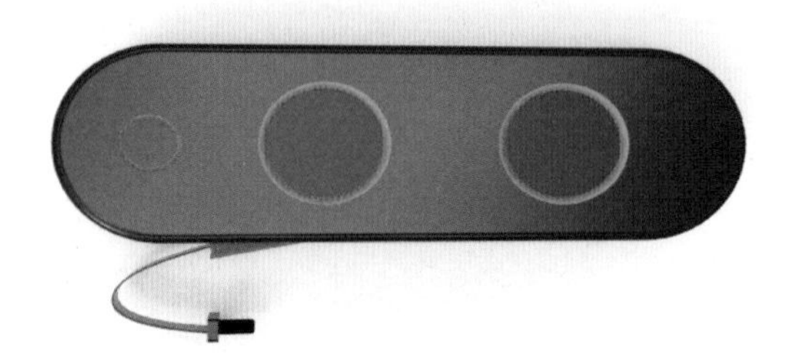

TOUCH Power Strip

图1-24 插座上色图（设计者：蔡俊杰）

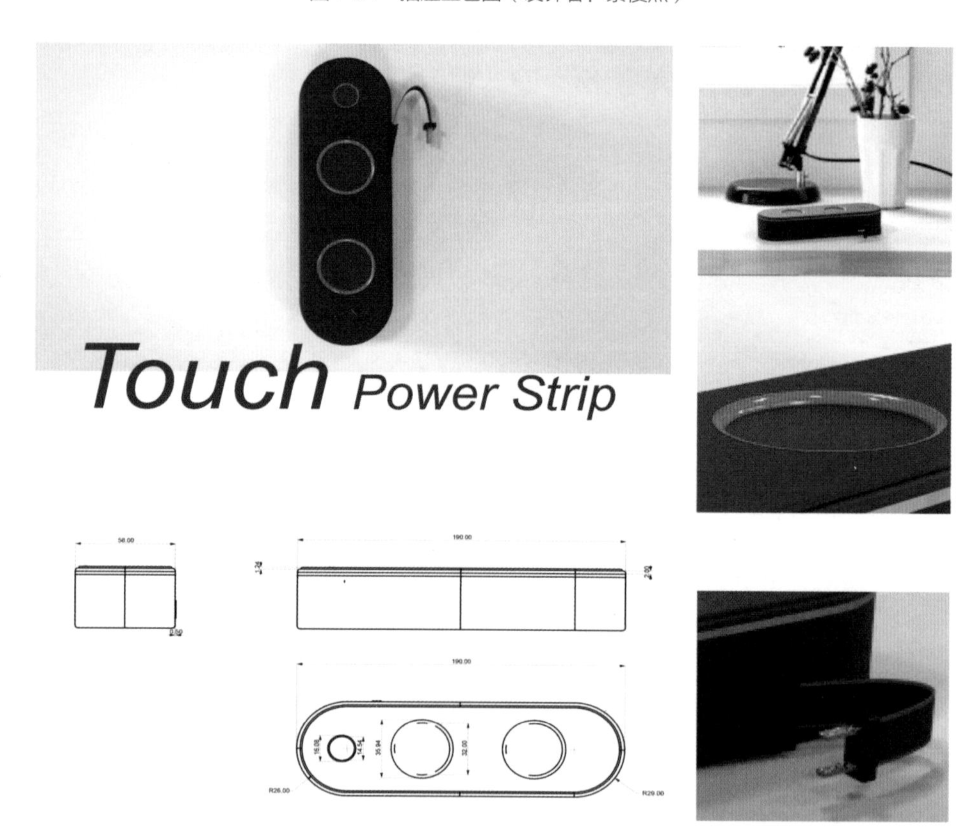

图1-25 插座效果版面（设计者：蔡俊杰）

专业学习作为走向社会的实践锻炼，在培养同学们团队精神的同时，通过模拟社会竞标，让同学们清楚知道，扎实掌握技能这一“吃饭”本事非常重要。具体要怎么做才能打实技能呢？图1-26~图1-31是一次很好的尝试，课程对接了苏泊尔公司做了一次workshop，从设计调研开始到方案构思，最后到设计呈现都清晰地表现了设计的程序与方法。主要可以归纳为四个逻辑过程：

（1）设计调查寻找问题

设计调查是针对用户提出问题，并加以定量和定性分析。定性调查是确定用户的属性和所要设计产品的属性，一般常用的方法有分层访谈法。在定性调查之后是定量调查，目的是为了将感性的材料进行数据化，常用的方法有问卷调查、互联网数据雷达。

（2）设计分析解构问题

在设计调查之后，需要对所获得的信息进行分析和解构，特别是在设计调查中归纳的问题进行分析。分析常用的方法有感性坐标法，也可用spss软件进行定量分析。

（3）设计演化解决问题

基于设计分析得出的数据结论，结合设计趋势，提出有针对性的解决方案，这就是解决问题。这里主要运用“设计（形式）+技术+商业”三者结合的思维来解决设计中遇到的问题。不过这种模式的设计往往缺少对于人性、情感及社会责任的兼顾。因此，在我国国情下，“设计+技术+商业+和谐”四者结合或许是最合适的解决思路。

（4）设计表达呈现方案

最后，提出设计的解决方案，通过设计图形和设计样机的形式进行设计验证，并通过商业展示、公益展示等多种呈现方式将方案予以表达。

市场调查

相关产品

蒸出来的蛋保持营养、富有弹性、无腥味、不会爆裂等特点。
特有截孔设计使蛋在加热时不会爆裂，壳方便剥离，不产生粘壳。
安全可靠，蛋煮好会自动切断电源并会发出蜂鸣声。
清洗方便，不粘附涂层发热盘。
煮蛋速度快不需人照看。

无机械运转，自带水位保护开关，运行可靠。
雾化效率高，整机雾化颗粒直径只有1~10μ，气化效率100%。
设有自动补水\缺水保护和溢水功能，可选配排水装置与软水器装置。

非相关产品

这款概念冰箱可以自动升级系统，提供最新的菜谱和烹饪步骤。
可以根据您所储藏的食物提供饮食建议，并通过内置语音播放。
冰箱门使用了电控变色技术，门关闭时，在其表面可以显示操作界面，您可以通过点选食物了解食物的做法和营养成分。
只需触动一个按钮，门体颜色就可以在透明与不透明之间转换，方便您了解内部储存东西的情况。

微电脑控制所有功能，
语音导航功能。
复式储物盒，方便卫生。
环形蒸汽消毒功能，释放出蒸汽杀菌，起到防过敏的作用。

团队介绍

林晓斌
刘蓓琳
范丹红
王琦
林燕

只为创造厨房的悠闲时光——LEIWA

1

图1-26 设计程序与方法——调研（设计者：王琦、林燕、范丹红、刘蓓琳、林晓斌）

LEIWA life for easy

用户定位·分析

用户定位：8~14岁孩子
用户特征：独自在家，有独自的饮食需求
产品方向：注重健康、制作安全、操作简单、造型可爱

深度访谈

6:30，起床、洗漱、吃早点
7:00~8:30，练会儿钢琴
8:00~9:00，看英语VCD光盘
9:30~11:00，打会儿电脑游戏 看看电视
11:30~14:00 午饭时间
14:30~17:00，和朋友大宝去游泳
17:30~19:00，父母回家做晚饭 吃饭，娱乐一下
22:00前，每天作业做完后，写一篇日记

Q: 孩子放假一般如何安排？
A: 上上学习班吧，有时间出去旅游什么的。
Q:中午吃饭呢？
A: 去外面的餐馆买点或者去爷爷奶奶家。
Q: 孩子在外面会担心吃的不健康吗？
A:会呀，所以尽量去亲戚家，或者请他们过来。
Q:平时做饭讲究营养吗？
A: 嗯，会注意。
Q: 喜欢吃蒸的菜吗？
A: 一般，都接受。
Q: 喜欢用哪种烹饪方式？
A: 炒和蒸煮，炸的东西也比较多。
Q: 孩子会挑食吗？
A: 会呀，不过说说还是会改改的，就是需要监督。
Q: 孩子自己会做饭吗？
A: 几乎不会，顶多热热牛奶，烧烧水。
Q: 孩子喜欢自己动手吗？
A: 动手时蛮感兴趣的，有的时候我做饭她还过来帮我干这干那，主要可能也是好奇吧。
Q:有没有让孩子试着学习做饭？
A:有是有，不过还是不太敢让孩子一个人在家自己做的。
Q: 为什么？
A: 毕竟用火用油什么的，挺危险，出了问题孩子自己也处理不了。

年龄：40岁
职业：事业单位主任
爱好：打牌，唱歌，做家务

Conclusion:多数家长会注重孩子营养。有意愿培养孩子自己做饭的能力，但顾虑较多。

年龄：35岁
职业：单位主任
特征：注重健康，疼爱孩子
爱好：电视剧，聚会，旅游

Conclusion: 假期的孩子成为家长的难题，为此家长希望孩子独立，限于担心工具的安全性而放弃尝试。但蒸菜这种方式还是较易为家长接受的。

Q:孩子放暑假，怎么安排孩子?
A:一直在家，送姑姑家里。
Q:为什么送姑姑家?
A: 不想给他上补习班，太累，让姑姑帮看着，比较放心，他一个人不好好吃饭。
Q:你们中午不回家?
A:不回家，公司远，不方便。
Q:他一个人怎么吃饭?
A:早上有时间的话会帮他留点饭，大部分还是去小区我的一些朋友家吃。
Q:他愿意去的？
A:还可以，人家做的比较好吃吧。
Q:孩子自己会做饭吗？
A:不会，就会炒个鸡蛋。
Q:有没有想过孩子自己做饭？
A:当然希望他能自己做啦，我们就省事多了。不过他一个人操作太危险了，我还是不放心的。如果我们在家的话还是可以教教他，看着他做。
Q:那会教他做哪类菜？
A:简单一点，炒番茄，炒青菜什么的。
Q:会考虑蒸菜吗？
A:哦，会的，这个更简单。
Q:他喜欢吃蒸的菜吗？
A:还行，我觉得蒸菜比较有营养，一般做的也多，他还是吃得惯的，也蛮喜欢。

姓名：小豆
年龄：11岁
年级：五年级
特征：父母繁忙
爱好：玩游戏，看电视，游泳

Conclusion: 孩子独自在家容易忽视吃饭的重要性，只选择自己喜欢吃的或者方便吃的东西用来果腹，几乎不考虑营养。

Q: 放假是一个人在家吗？
A: 是的。
Q: 中午父母回来吗？
A: 不回来。
Q: 你会自己做饭？
A: 会，我会煮方便面。
Q: 老吃方便面呀？妈妈允许吗？
A: 她不让我吃，给我办了门口快餐店的饭卡。
Q: 那你去吗？好不好吃？
A: 不好吃，也想去。中午太热了。
Q: 那你还能吃什么？
A: 吃奥利奥威化饼干。
Q: 都是零食呀？
A: 嗯，我喜欢边吃边看电视。
Q: 在家这么爽？不上补习班？
A: 8月要去学游泳。
Q: 在那边管可以吃饭的？
A: 可以的，就在我们学校。我们学校有食堂。
Q: 学校食堂好不好吃？
A: 不好吃。
Q: 不好吃怎么办？爸妈知不知道？
A: 知道，我老说的。不过他们没时间给我做。
Q: 你喜欢吃哪种菜，蒸的炒的还是炸的？
A: 都喜欢，我最喜欢吃清蒸鲱鱼。

图1-27 设计程序与方法——分析（设计者：王琦、林燕、范丹红、刘蓓琳、林晓斌）

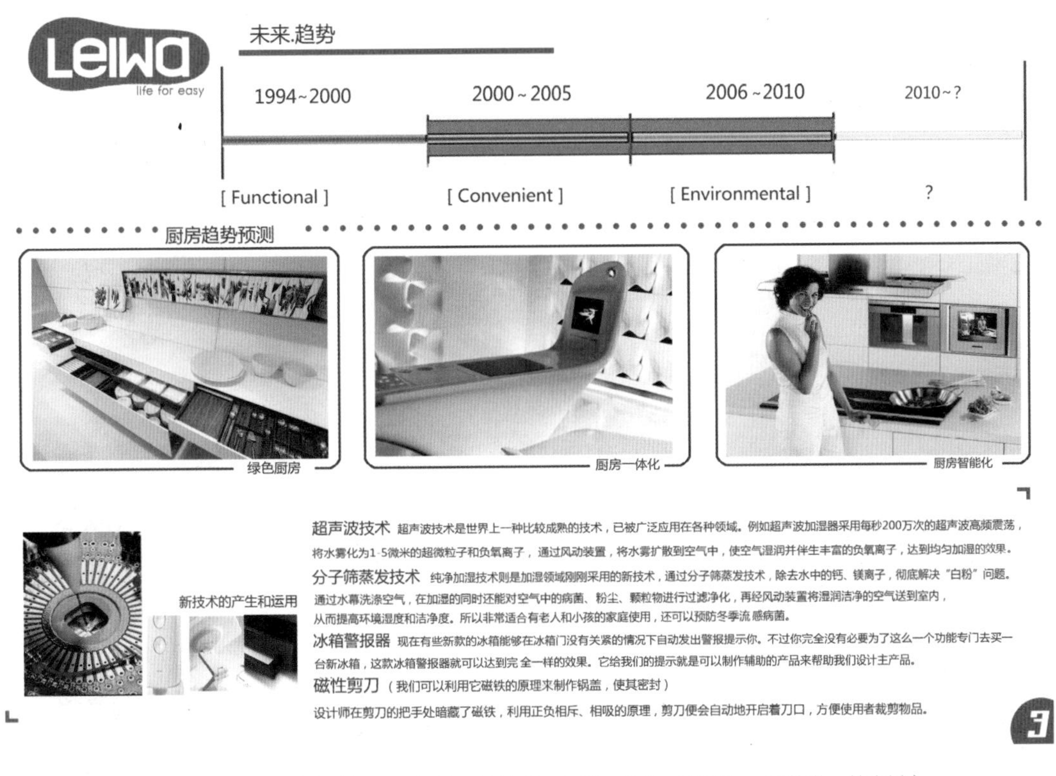

图1-28 设计程序与方法——趋势（设计者：王琦、林燕、范丹红、刘蓓琳、林晓斌）

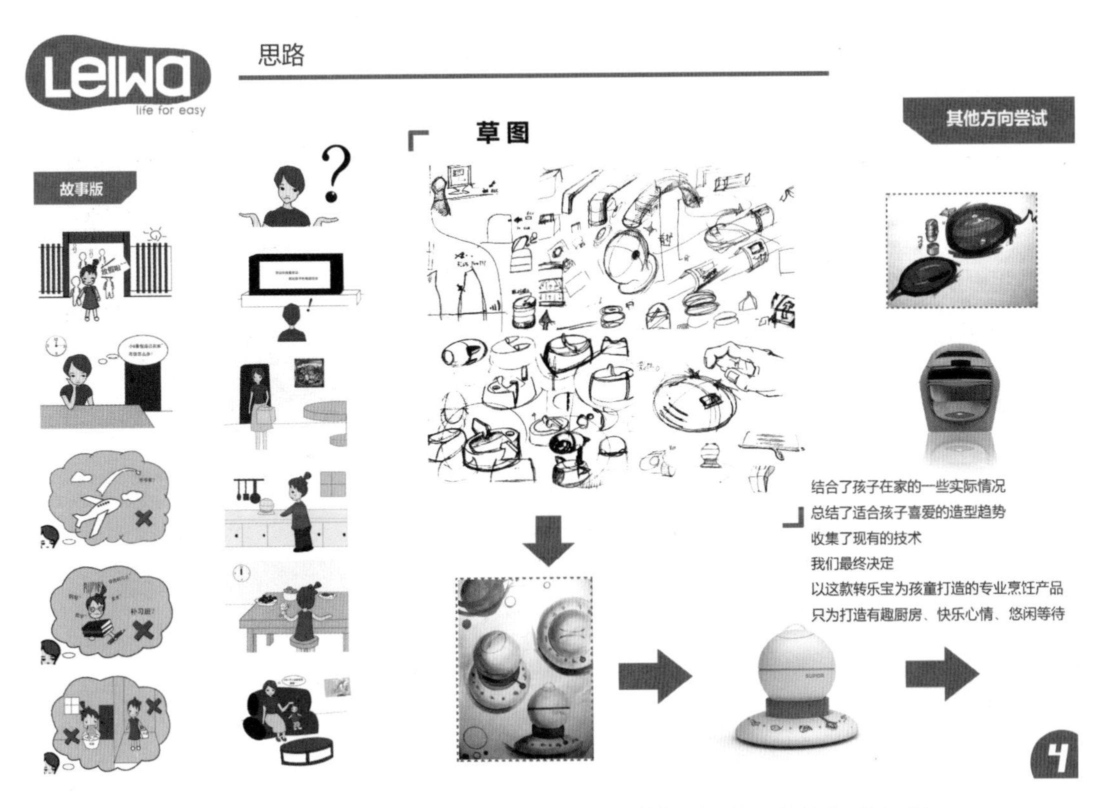

图1-29 设计程序与方法——定位（设计者：王琦、林燕、范丹红、刘蓓琳、林晓斌）

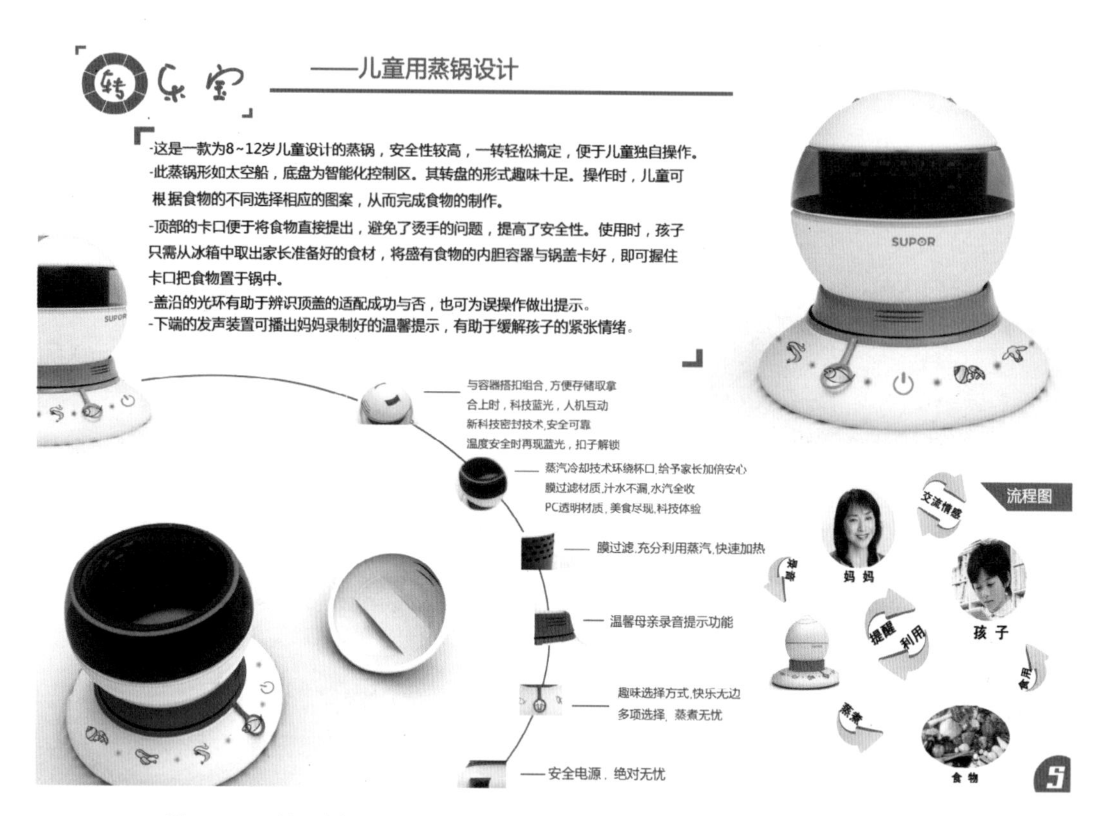

图1-30 设计程序与方法——效果（设计者：王琦、林燕、范丹红、刘蓓琳、林晓斌）

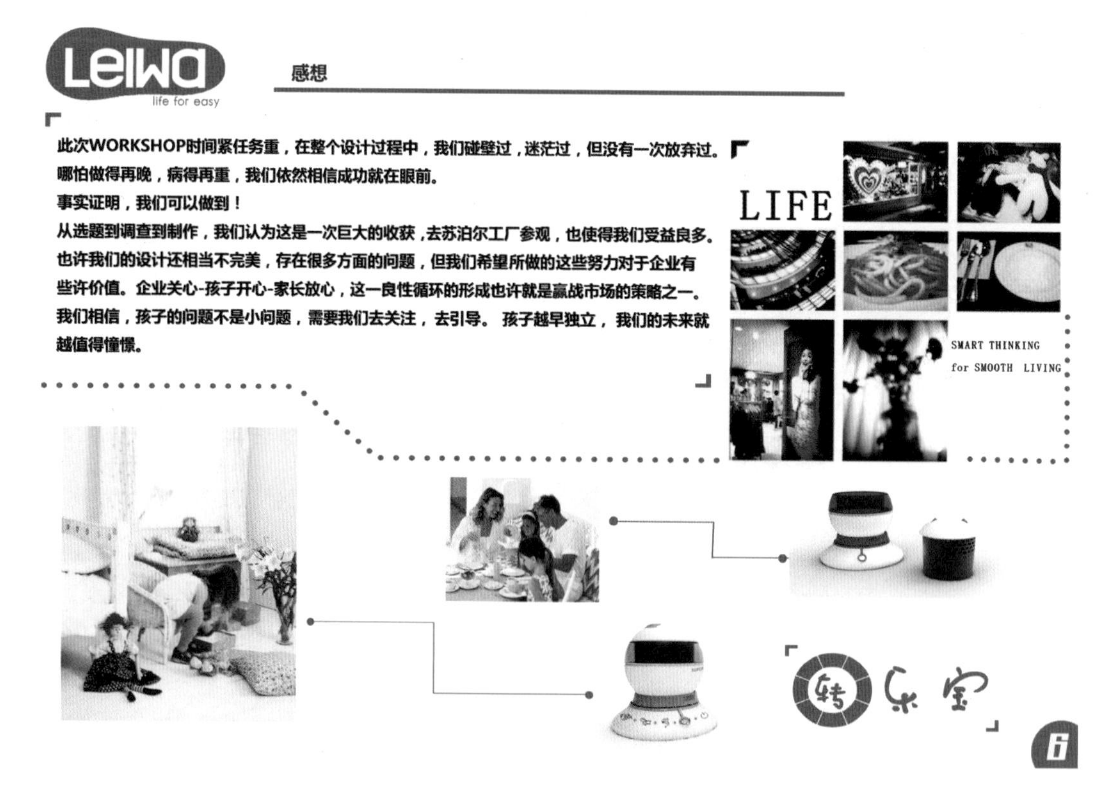

图1-31 设计程序与方法——感想（设计者：王琦、林燕、范丹红、刘蓓琳、林晓斌）

1.4.2 团队与个人：系统设计、专题设计

在学习过程中，往往需要团队合作，这也意味着，需要一个牵头人带领整个团队。从“老兵”变为“将军”，可“将军”并没有想象中那么容易胜任。在学习过程中，通常会遇到团队与个人的问题。积极的团队里每个角色成员都为共同的目标全力以赴。消极的团队里，“将军”往往特别难当，那些老兵早已成为“老油条”，团队与个人的矛盾作为“隐形炸弹”一直隐藏着。这个问题不仅在学校学习期间存在，在未来的工作中也会出现同样的情况，如何解决这个问题呢？

一个团队要完成好的设计，不仅需要优秀的设计能力，还需要出色的团队素养。在系统设计、专题设计课程中，主要体现的就是团队素养。在课程体系中，同学们自由组队，面对课题进行设计探索。团队的良莠之分一目了然，团队成员个人素质、专业素质、品行学识等特征也将悉数显现。

（1）专题设计的团队与系统设计的团队

每一次设计都是一个专题。在专题设计中，团队的重要性主要体现在不同的设计项目中，特别是一些涉及较多跨学科的设计项目更需要团队的力量。因此，团队组成中不仅仅要有工业设计专业，还需要有计算机、机械等专业。如课程中有一个小组深入儿童医院，与医生和儿童打成一片，通过深入地调研发现儿童在挂盐水的时候怕冷，于是想设计一款具有温度的挂针装置，能在寒冬中提供丝丝暖意。要完成这样一个设计，该小组需要经常在工训中心提供实验产地、设备等支持做硬件实验，帮助产品的实现。

与专题设计的团队更加注重专业的实用性、多样化不同，系统设计的团队不仅需要多元的专业构成，更重要的是团队中有一个领军人才。为什么这么说呢？系统设计可以理解为单个产品的组成系统（跟专题类似）（图1-32），也可以理解为成套系统。当今社会不断发展，往往在产品实现的基础上会涉及设计创业计划书、创投等内容，这对课程、学生、老师提出了更高的要求。不仅要针对设计提出解决方案，还要涉及人员组合、项目架构、项目融资等新的知识点，这便要求团队中有一个领军人物，在团队理念、机制、运行、分工方面提供很好的管理。在这个课程中，学生参与模拟创投会是一个很好的尝试，可以帮助他们尽早体验社会竞争大潮。

（2）个人的问题和团队的问题

在课程学习中，我们还会遇到个人和团队之间的矛盾问题。这种矛盾复杂又单纯，有些团队中，积极投身工作的始终只有那么一个成员。也有些团队，每个成员都在争抢机会，这是积极的，也是我们所提倡的。但是如果遇到第一种情况，该如何处理呢？不同的管理者遇到这个情况，解决的办法也不一致。万变不离其宗的是，在保障课程顺利进行的同时让同学们明白：团队远比个人来得重要，个人能力的提升离不开团队的培养，和团队一起成长是通向未来领导者的必由之路。

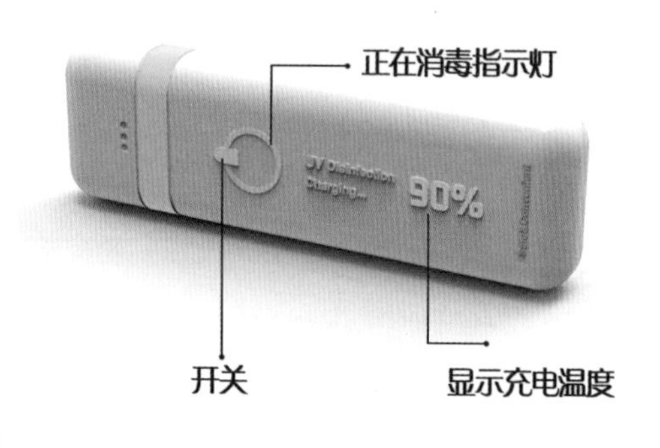

USB→红外线消毒便携牙刷

USB Interface Electricity into UV Pisinfection

设计说明：

牙刷放在卫生间里，伴随着许许多多的细菌。尤其是马桶冲起来的时候，大肠杆菌可以漂浮到10米以外的距离。口腔卫生是个值得注意的问题！你有想到去消毒吗？用USB接口提供电能，转化成红外线消毒，这时的牙刷和新的一样干净卫生，而且低碳环保！

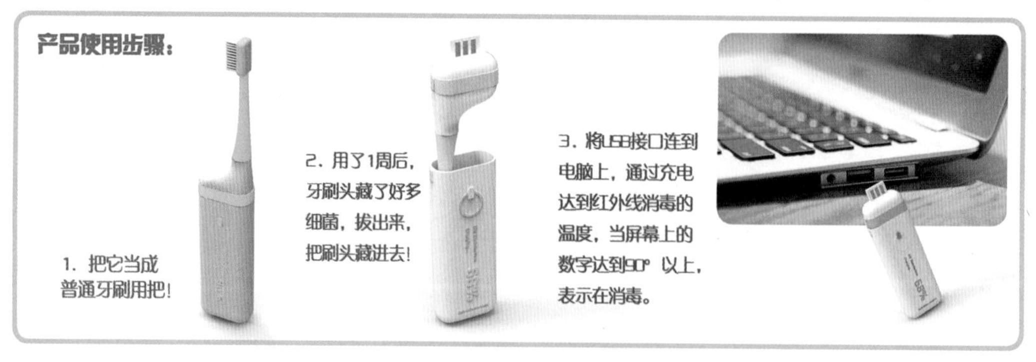

产品使用步骤：
1. 把它当成普通牙刷用把！
2. 用了1周后，牙刷头藏了好多细菌，拔出来，把刷头藏进去！
3. 将USB接口连到电脑上，通过充电达到红外线消毒的温度，当屏幕上的数字达到90°以上，表示在消毒。

图1-32 系统设计（设计者：陈思祯）

1.4.3 专注做最好的自己：用户体验、设计调研

经过一段专业课程的学习，同学们的设计水平开始分化，正面和负面的情绪亦在课程中滋生和发展。是继续摆正心态争做大兵呢？还是就此放弃做一个逃兵？

从结果来看，二者都有。但如果选择继续争做大兵，就必须具备专注意识和能力。专注意味着要在某方面比别人付出更多努力，才能拥有更多成果。《用户体验》和《设计调研》这两门专业课程尤其需要专注能力。“用户体验”作为设计过程中不可缺少的环节，被应用在各种设计类型中，无论是工业设计、交互设计、环境设计都离不开用户体验。而不同的设计门类对于用户体验的要求是不同的，对数量如此，对质量也是如此。“设计调研”和“用户体验”一样，都是为了寻找需求，不同的是用户体验是在产品设计的前、中、后三个时期，而设计调研主要是在产品设计前期，找出用户的真正需求。依据需求来做设计，有时需要周密观察。如，有一位同学为了做一款手机设计，在马路上蹲点一个月，回来做了“关于什么样的手机最路人”的设计调研，付出的艰辛可想而知。后来为了做好这款手机的设计，亲身用了很多款手机，也拆了很多款手机，这个过程就是用于体验和产品研究。

（1）分享让人更快乐（图1-33、图1-34）

调研：这是一个互联网交互服务设计的课题，这组同学的设想是城市里的居民最缺少什么？什么能够被分享？通过对城市居民的分层调研，他们发现很多居民希望能拥有一小块土地，自己耕作，然而城市土地的稀缺性决定了这种愿望并不是所有人都能够实现。为了能够解决这个问题，他们又去农村调研，发现很多农村的土地是荒废的，根本没人耕作，于是他们设想能不能把两者结合起来。

概念：通过将城市居民和农村土地结合，设计一块产品，并规定一种模式，让原本几乎荒废的土地再运作起来。城市的居民可以购买土地的所有权，享受土地产出的股权收益，而农民可以出售土地的所有权，保留土地的使用权，将部分劳作的成果与购买方分享。

实验：尝试在这个小组成员的亲戚农场上进行实验，并且与城市部分居民对接。

制作：先设计产品原型，再改进产品的使用方式，目的是将农村的土地与城市居民分享，获得双赢。

图1-33 一亩地
（设计者：张玲燕、毛西雅、李昊彤、高鲁放、徐鉴）

图1-34　一亩地（设计者：张玲燕、毛茜雅、李昊彤、高鲁放、徐鉴）

（2）儿童“变脸”雨靴（图1-35）

概念：很多儿童雨天喜欢在鞋堆里翻找适合的鞋子，设计者希望能够设计一款雨鞋来让更多小朋友明白下雨的时候要穿雨鞋，防止鞋子打湿。

制作：由于这个设计者当时刚接触专业课，很多技能还没有掌握，就用了手绘的方式来表达自己的想法，从设计中我们还是能够看到他对设计真切的热爱。

（3）Cooooo包装（图1-36、图1-37）

调研：原本是一次包装设计的课程，设计者通过调查发现只是改变包装的样式并不能解决他所发现的问题，因此他将包装和杯子重新设计，设计了一款Cooooo猫屎咖啡。

概念：依据猫屎咖啡的产生过程设计一个猫屎咖啡杯，这个咖啡杯可以通过手工将咖啡豆碾碎成粉，同时将粉状的咖啡进行过滤，泡制自己的猫屎咖啡。

制作：除了效果图的制作外，设计者还依据产品的实际尺寸设计了包装的刀版图，并手工制作产品包装。

（4）wonderfour从包装到做一款有选择的藕粉（图1-38、图1-39）

调研：设计者所在的小组打算去制作一款藕粉的包装，一开始只打算从包装的样式去设计。然而调查发现藕粉的市场形式非常单一，购买的目的大多是作为送老年人的礼物，这个让他们产生了一个疑问：为什么不能有一款藕粉是给年轻人的呢？

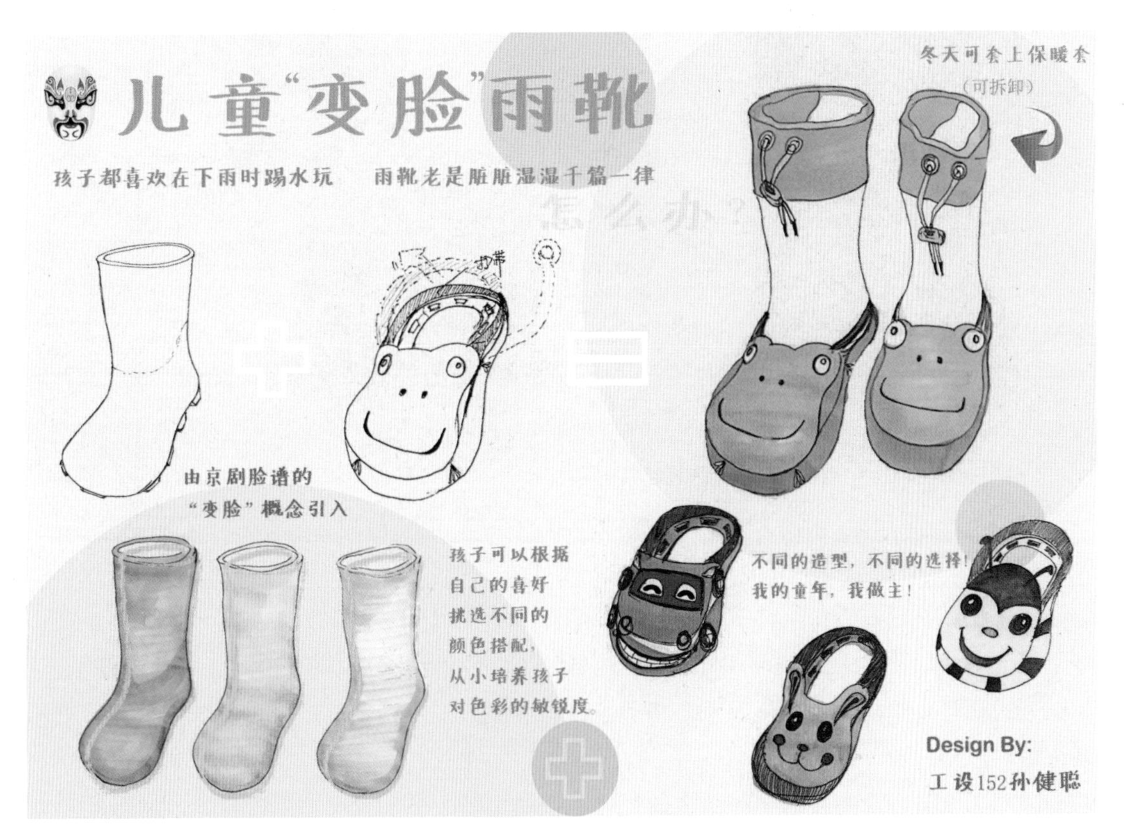

图1-35　儿童“变脸”雨靴版面（设计者：孙健聪）

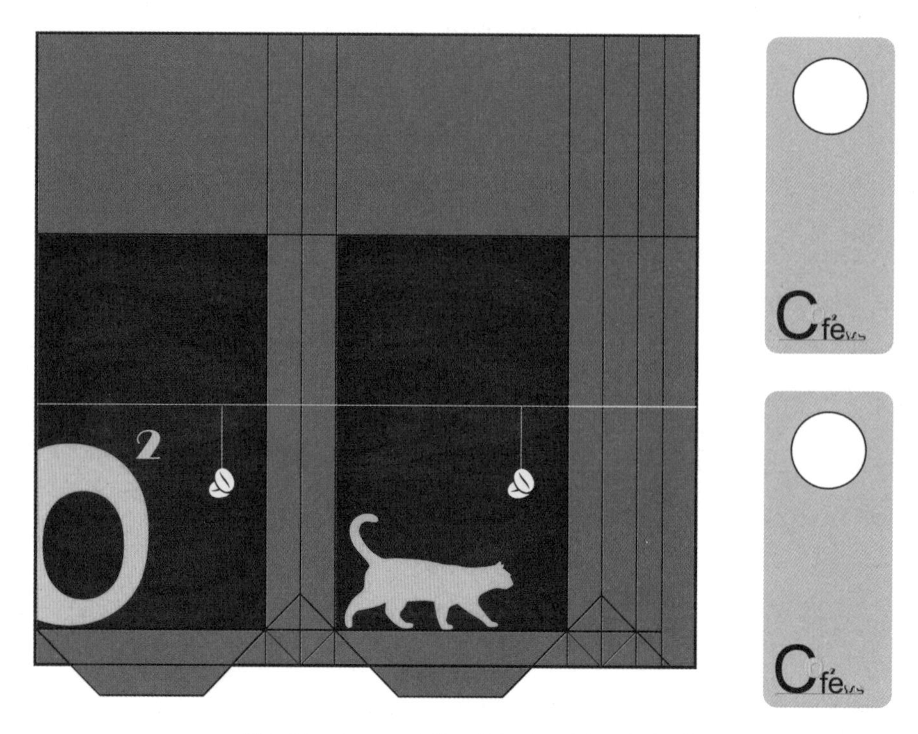

图1-36 Cooooo包装刀版图（设计者：陈欧奔）

图1-37 Cooooo包装（设计者：陈欧奔）

概念：基于这样的目的，设计者小组的设想是做一款有选择的藕粉，不仅仅只是藕粉本身，而是可以像豆奶一样的，可以是藕粉与牛奶结合的、藕粉与红枣结合的、藕粉与一些保健营养品结合的，让藕粉的形式更加多样化，并且依据概念将包装设计成类似香飘飘奶茶一样可以一杯一杯泡着喝，这样使藕粉能够更加时尚。

做最好的自己就是在课程中不断探索新的方式，不满足于课程所要求的设计，通过设计调查，寻找并找到在“设计+商业+科技”上的新创新点。

图1-38　wonderfour小组1（设计者：乔曦月）

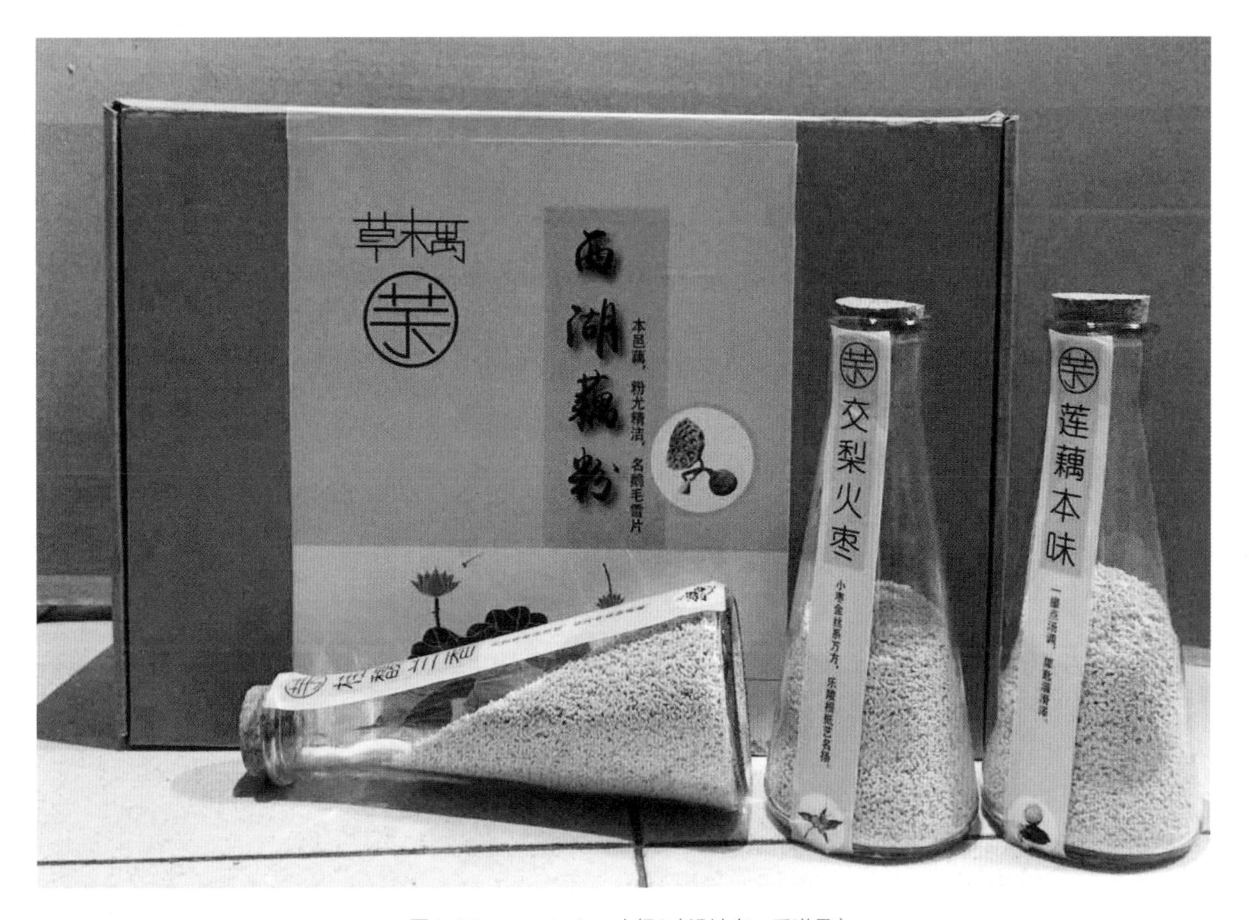

图1-39　wonderfour小组2（设计者：乔曦月）

1.5 学有所成

目的：了解开发设计、毕业设计等专业课程

意义：明确毕业设计内容，自我定位并展现能力

课程定位：工业设计专业毕业设计课程

重点：设计与规划

难点：研发创新

学有所成，就要把所学所知发挥出来。掌握了工业设计技能的老兵，是战场上的探路者，是要去收割胜利的果实，去拓展设计的边界。不断尝试新的可能性的过程，有欣喜，也有忧伤。欣喜的是发现自己的所学所知在实战中都能用起来。那忧伤呢？忧伤在于探索过程中，发现自己所掌握的知识技能还不够多、不够精。无论是课程学习，还是课外的workshop，每一个小组之间的对比和每一个成员之间的对比，都会将老兵的技能发挥得淋漓尽致，但也会把每个人的缺陷暴露无遗。“学有所成”需要老兵诚实面对自己，把握正确的方向，找准明确的定位，在一个领域做最好的自己。

1.5.1 老兵发威：开发设计

任何一门课程都有它的价值和意义，别拿“课程”不当回事。如在“开发设计”课程教学中，笔者给同学们的课题是：围绕一个技术，依据这个技术开发一款具体的产品，要求按照“产品设计——产品制造——创业融资”的模式展开。以往班里最优秀的团队一看这个课题以为还是“产品概念设计+产品外观设计”，因而并没有重视“开发设计”课程的相关内容，课程结束后这门课程里的内容自然也不会有人提及。巧合的是，这个最优秀团队里的一名成员，毕业两年后创业了，做的正好是当时相关的设计。他感叹道：现在用的都是当时课堂中教过的，就是有点忘记了（图1-40~图1-46）。

开发设计，往往围绕技术端进行产品创新。老兵要“发威”是综合性的要求，设计技能要过硬，制造工艺、融资计划书、社会人脉都要能驾驭，这些综合因素都对老兵带来了严峻的挑战和考验，迎难而上方能取得真经。

HADY Design 中国·杭州 / 苏泊尔创新设计营 SUPOR 苏泊尔

We Are Hady!!

DaKe ,Vicky,YaYun,AiMin,YiQing 组成了我们HADY五人和谐的团队。

相互学习、相互探讨、经验交流，良好的团队氛围，我们受益匪浅。

调研、头脑风暴、方案探讨……井然有序的设计程序，我们感受团队设计的快乐。

我们是HADY小组！We are hady， we are ready!

图1-40 团队介绍（设计者：沈益青、王大可、Vicky、YaYun、AiMin）

HADY Design 中国·杭州 / 苏泊尔创新设计营 SUPOR 苏泊尔

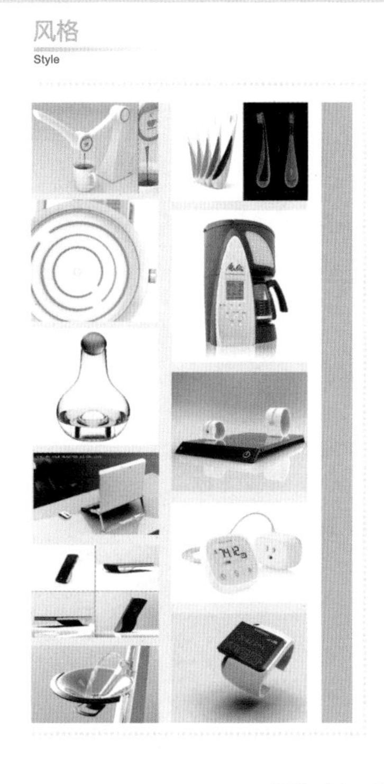

◆经过前期的调研，电子产品走向时尚、简约的造型风格。

◆配色简单，玻璃和金属的搭配极具现代感和科技感。

■ 简约

■ 时尚

■ 科技

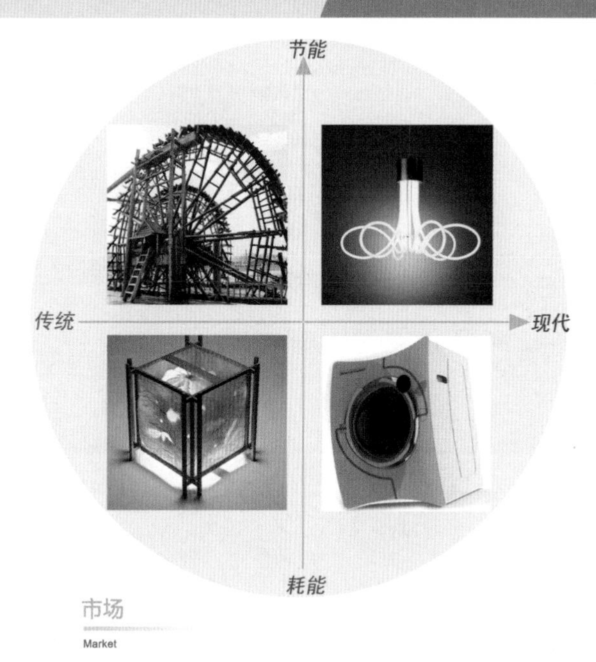

由传统的耗能向节能逐渐发展，**低碳环保**逐渐成为热门话题。在人们的生活中，产品是否节能也成为了他们关注的重点。

图1-41 趋势（设计者：沈益青、王大可、Vicky、YaYun、AiMin）

HADY Design 中国·杭州 / 苏泊尔创新设计营 SUPOR 苏泊尔

高端商务人士

喜欢挑战，独特、新奇，尝试新事物，最早购买最新技术产品，企业管理层居多，有闲置资金可以用来旅游及其他投资。

低碳族

崇尚时尚健康的生活方式，在吃、住、行各方面注重，经济和环保的完美结合，日常生活家居方面特别注重省电，喜欢节能高效产品。

白领

白领职业阶层的主体是25到40岁之间的人群，注重具有高品质、现代感的生活方式，习惯高效便捷的生活节奏。

家庭主妇

关注家庭饮食健康，关心使用产品的性价比及功能的多样化，注重产品的节能和易用性，希望为家庭提供健康营养绿色的饮食。

用户分析

User

传统造物智慧在蒸具设计中的应用

长信宫灯

中国汉代青铜器

燃烧的气体灰尘可以通过宫女的右臂沉积于宫女体内，不会大量散逸到周围环境中，达到环保和能源循环的目的。

人群定位

30-35岁 年轻、时尚的环保人士

提倡绿色健康的生活理念

追求潮流，喜欢尝试新产品

拥有自己的独特个性

关键词

时尚 环保 绿色 健康

蒸汽循环

热循环

热量利用

水循环

水位控制

提高蒸煮效率

蒸汽消毒

蒸汽美容

蒸汽熨烫

蒸汽清洗

图1-42　概念（设计者：沈益青、王大可、Vicky、YaYun、AiMin）

HADY Design 中国·杭州 / 2010苏泊尔创新设计营 SUPOR 苏泊尔

图1-43　草图（设计者：沈益青、王大可、Vicky、YaYun、AiMin）

图1-44 使用场景（设计者：沈益青、王大可、Vicky、YaYun、AiMin）

HADY Design 中国·杭州 / 苏泊尔创新设计营 SUPOR 苏泊尔

◆分为水汽循环和热气循环两个方面

◆利用循环的水，解决食物的干锅问题

◆循环的热能可以提高食物的加热效率

◆还可以用作食物保温，碗筷清洗消毒等作用

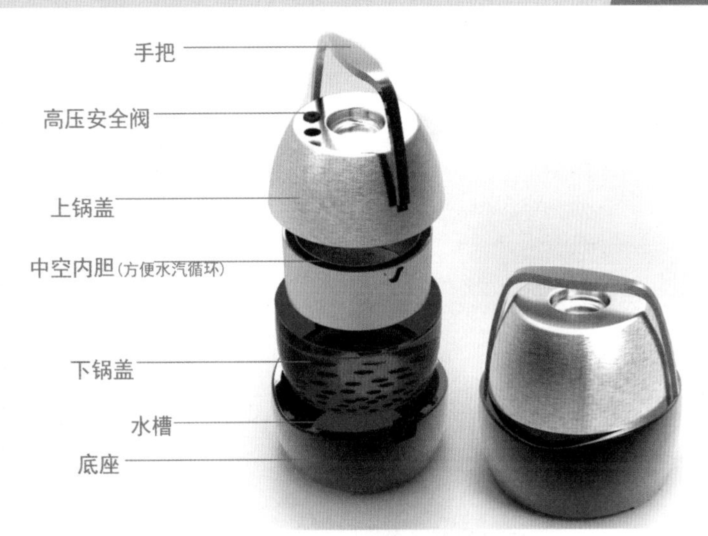

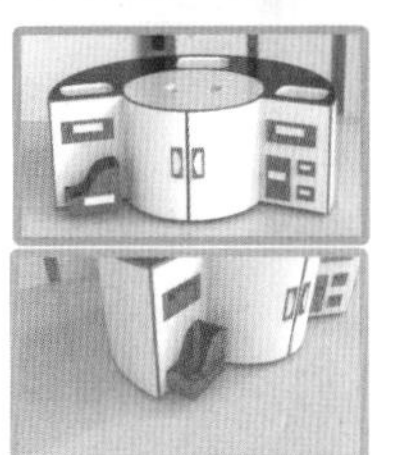

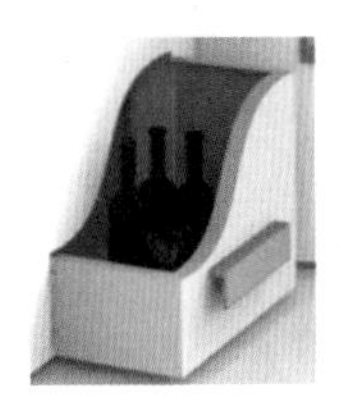

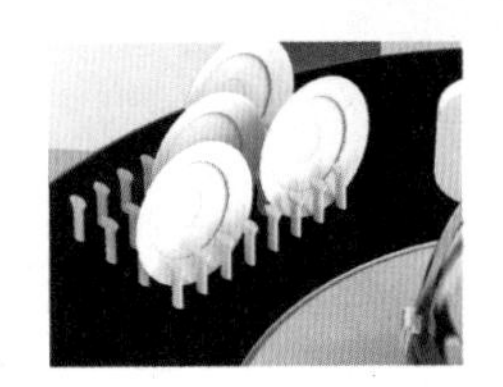

蒸汽循环

图1-45 细节（设计者：沈益青、王大可、Vicky、YaYun、AiMin）

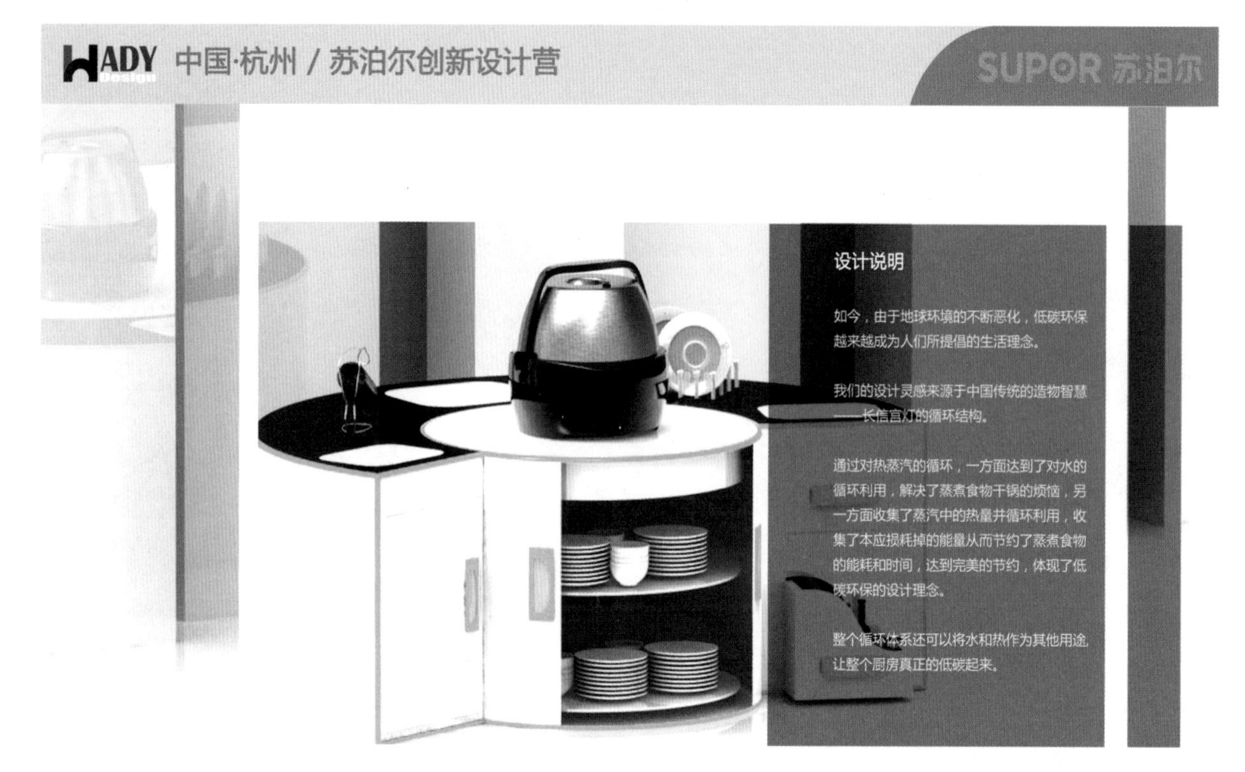

图1-46 效果（设计者：沈益青、王大可、Vicky、YaYun、AiMin）

1.5.2 经验主义：毕业设计

有些学生平时学习不认真、方向不清晰，却寄希望于做毕业设计时“不鸣则已、一鸣惊人”，或确实对工业设计不感兴趣，无法适应。在笔者所带的学生当中，有一位同学的经历算是“奇遇”了。在毕业设计开始之前，他一直打算做逃兵，之前的课程都是浑浑噩噩混过去的。到了毕业设计，他突然打算认真对待，要做农耕机的课题（图1-47）。小机械，又要拆卸，这里面几乎没有一个知识他是会的，怎么办呢？

农耕机的设计研究——以浙江山区（梯田）为例

图1-47 农耕机（设计者：钟晟）

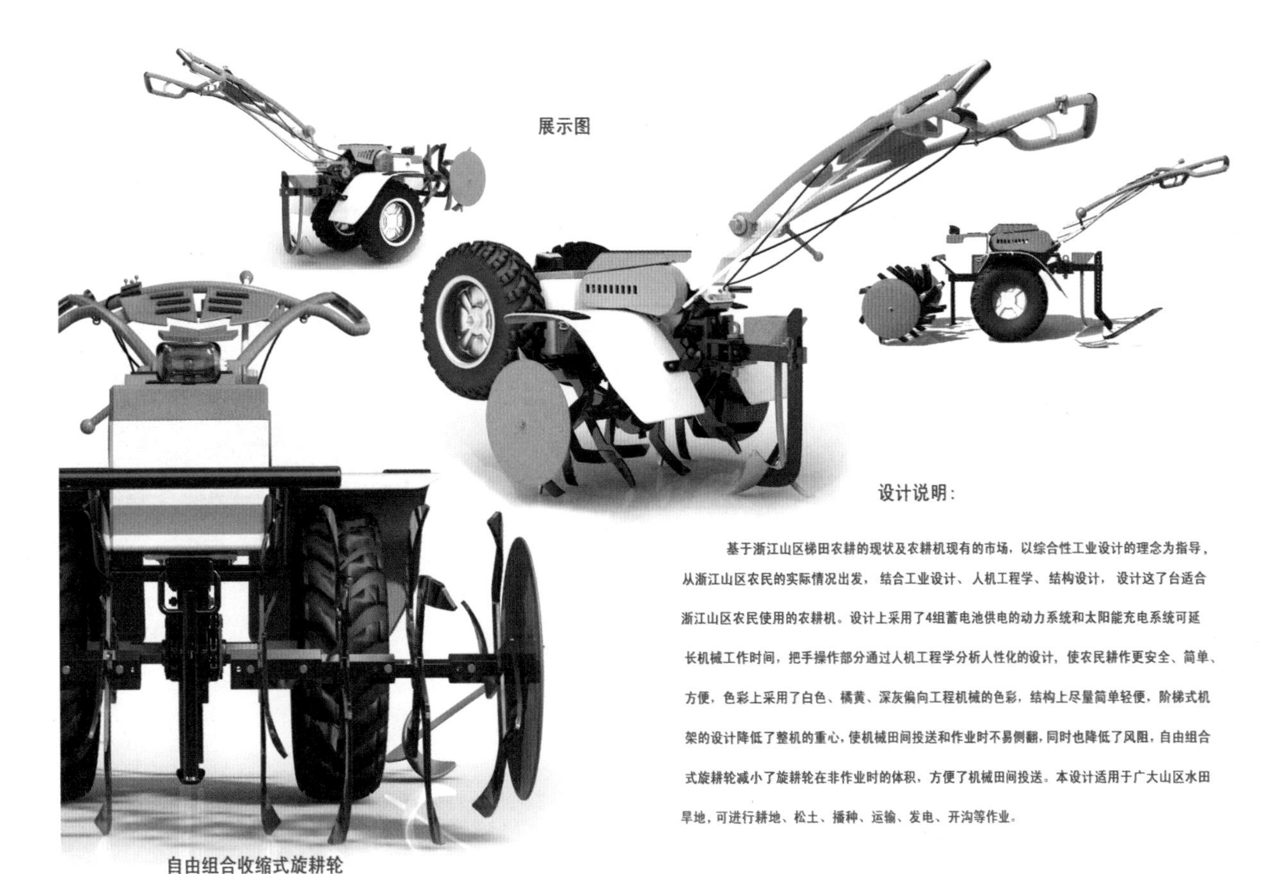

设计说明：

基于浙江山区梯田农耕的现状及农耕机现有的市场，以综合性工业设计的理念为指导，从浙江山区农民的实际情况出发，结合工业设计、人机工程学、结构设计，设计这了台适合浙江山区农民使用的农耕机。设计上采用了4组蓄电池供电的动力系统和太阳能充电系统可延长机械工作时间，把手操作部分通过人机工程学分析人性化的设计，使农民耕作更安全、简单、方便，色彩上采用了白色、橘黄、深灰偏向工程机械的色彩，结构上尽量简单轻便，阶梯式机架的设计降低了整机的重心，使机械田间投送和作业时不易侧翻，同时也降低了风阻，自由组合式旋耕轮减小了旋耕轮在非作业时的体积，方便了机械田间投送。本设计适用于广大山区水田旱地，可进行耕地、松土、播种、运输、发电、开沟等作业。

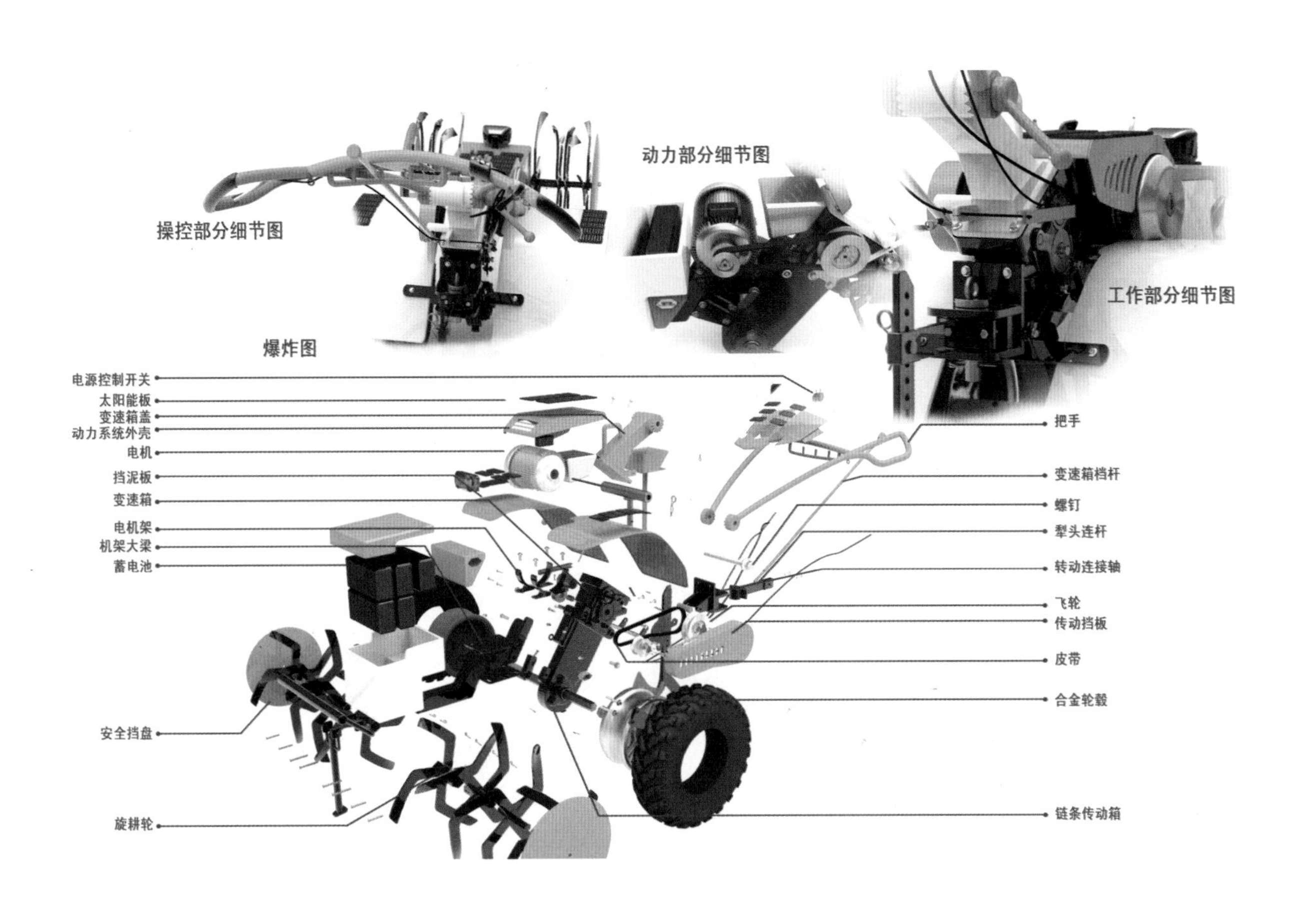

丝·享
V-ARTISAN
海洋特色农耕小镇之智能粉丝机设计研究
V-ARTIZAN粉丝机设计完全打破了现有商用粉丝机的形态和模式，实现了小型家电化和家庭化的使用，工作原理汲取并整合粉丝传统手工艺制作步骤中最为核心的工艺，将其集合到一体化机身内，减小产品体积，以及触摸式显示屏上的一键化“懒人操作”和不同规格的出粉磨具设计，都在最大程度上满足用户对于粉丝品质的追求和降低享受新鲜粉丝时的空间成本和经济成本投入。圆润光滑的流线型机身与独特的折叠式机头设计，典雅白和高端黑的冲突感和平衡感，配上旋钮处的金属拉丝工艺的质感无不体现V-ARTIZAN粉丝机的设计感、高端感和科技感。简约的设计风格符合现代化家居氛围，彰显着使用者对于生活品质和个人品位的追求。
V-ARTISAN

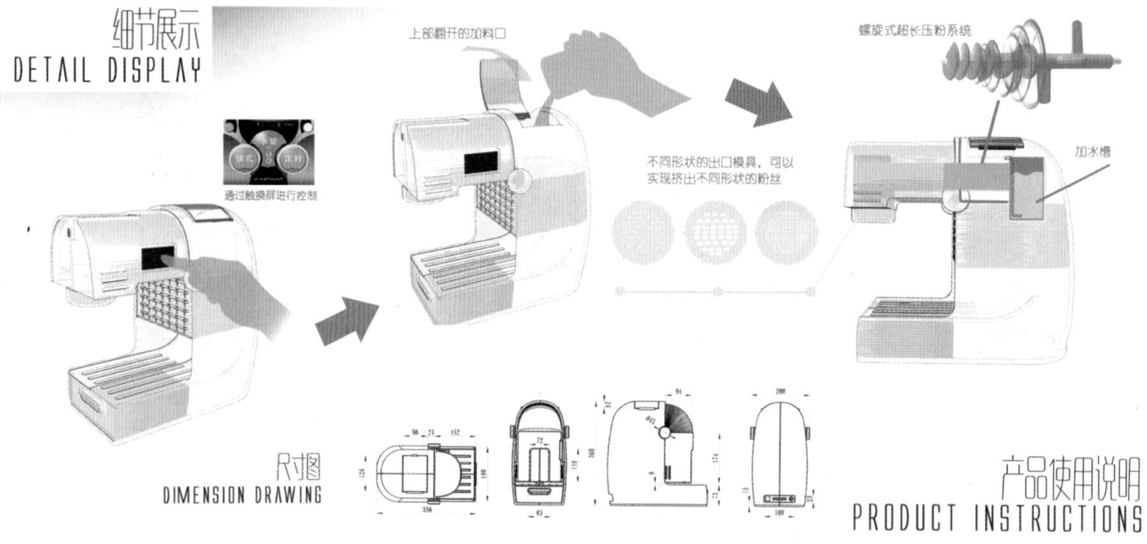

图1-48　粉丝机（设计者：李丹阳）

这位同学没有放弃，反而全身心投入。不会的就问，再不会就自学，再不行就去找师傅，硬是在答辩之前造了一辆农耕机出来。他答辩时，直接开着农耕机进的答辩现场，把答辩老师乐开花了。这个同学的模型是一比一的实物，整个答辩过程就成了农耕机探讨会，好不热闹。

毕业设计其实是对大学四年学习的总结，是一次挑战也是一次机会。刚才这位同学的故事还没完，他的毕业设计作品后来被送去参加毕业设计比赛，还获得了奖项。一年后，作品又送去省政府参加设计竞赛，拿了省政府银奖！机会总是留给有准备的人。虽然有些努力付出的人，可能暂时还没有获得回报，但要相信，付出总有收获。

（1）毕业设计展的红人

毕业设计的过程是充满各种惊喜的。图1-48中这个同学的毕业设计给了她自己一个意外。开始做这个课题的时候，她很没有自信，甚至觉得这根本没办法做。随着毕业设计的一步一步深入，她的一路坚持换来了最终成果的展现。这届毕业设计展在浙江图书馆举办，她的作品得到了很多人的关注，还接受了电视台采访。有一个观众特别有兴趣，一路上一直和她聊着粉丝机要怎么设计、能不能量产等。

（2）又是一次意外的惊喜

图1-49的毕业设计是将家乡的手工制虾酱的传统工艺制作成家用电器的一次尝试。幸运的是，这个同学的毕业设计入围了最后一届瑞德毕业设计比赛的决赛。答辩时，设计者表现得有礼有节，但因没能按时完成答辩，沮丧中觉得获奖无望。在幸运女神的眷顾下，最终她意外地获得了最佳表现奖！

（3）超前的毕业设计

这个毕业设计是参加省赛作品的延续（图1-50），做完设计之后笔者让这位同学去申请专利，估计他当时也没当回事。毕业三年后，笔者意外接到他的电话：老师，我当年的毕业设计您有帮我申请专利吗？”

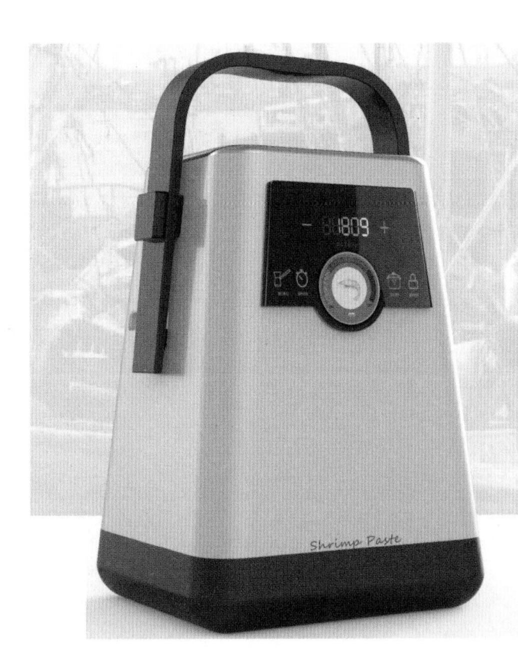

图1-49 虾匠（设计者：乔曦玥）

图1-50 救火英雄（设计者：郑湘）

答案是当然没有。经过询问方知他突然来电的缘由，原来他在报刊上看到一篇新闻，报道里提及的产品和他的毕业设计产品非常类似，想起曾经老师和他说过专利的事情，方才电话。笔者调侃了下：错过了几百万啊！

1.5.3 进入职场，角色升级：日常锻炼，设计课题

对于工业设计专业学习来说，大四这样的时间点，就是大学学习升级的时间点。士兵终要走上战场，无论是日常演习，还是临时征召，进入职场是不可回避的话题。设计专业离不开各种各样的设计竞赛。设计竞赛就是进入职场的专业入口，让他人了解你，也让他人了解设计专业。

（1）磨出来的豆浆最好喝

这位同学并不是班上最有才华的学生，却是最努力的。之前参加各种比赛最好的成绩是银奖，就是没得过金奖。有一年暑假，他参加创意杭州设计比赛，苦思之间没有很好的设计概念，在和我沟通中，我表达了一个观点：磨出来的比机打的好喝。这位同学为了求证我的观点，在暑假中顶着酷暑赶回学校，做实验、做访谈，最后发现最主要原因是细胞的破壁和不破壁的原因。以此为概念进行设计的产品，在比赛中获得了金奖，也圆了他的梦想（图1-51）。

图1-51　苏泊尔超越杯金奖磨力豆浆机（设计者：章皓）

（2）一次逆袭

参加比赛就意味着要直面竞争。在开始有省级工业设计大赛时，我校前两届虽有优秀指导教师奖，但都没有拿过金奖。参赛同学和指导老师都凝着一股劲：拿到金奖！有一位同学在平时并不是很突出，但是心中一直有一股不服输的认真劲儿。在师生共同努力下，“舒适枕”的设计在众多作品中脱颖而出，获得金奖，成功圆了师生的梦想！在那一届赛事中，不仅获得了作品单项金奖，学校还获得了团体奖、优秀指导教师奖。领奖回来的路上，同学们开心地说：“这是一次逆袭。”（图1-52、图1-53）

2011年浙江省"康大杯"
第三届大学生工业设计竞赛
Suitable pillow
舒适枕

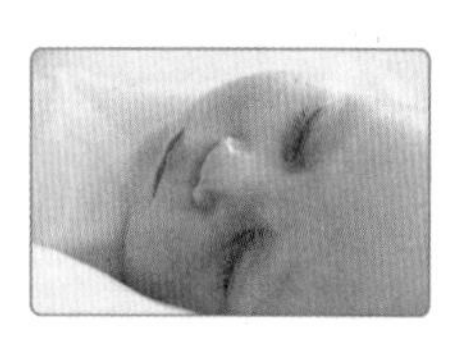

设计背景：

人的三分之一的时间是在睡眠中度过，良好的睡眠质量是一天生活学习工作的保障。
而其中枕头又起到了至关重要的作用。枕头过高或者过低都会对颈椎造成不良影响。
每个人生理构造不同，其脊柱生理曲线也有差异。
那么，如何选择一款更适合自己身材特点、
更加合乎人体脊柱生理曲线的枕头呢？如何找到适合自己的枕头尺寸呢？

设计说明：

Suitable pillow是依据3S量体定枕系统进行的枕头设计，
通过输入人体身高、头围、颈弧、肩宽等多个重要参数，
对枕头高度进行人性化调节，帮助你找到属于自己的枕头尺寸。
同时也给父母、孩子、朋友带去一份独一无二的关怀。
好枕头好睡眠，有爱，枕头也传情。此外其标准化的枕头定制，
也满足宾馆等环境的需求，提供顾客适合自己的枕头，
给顾客以宾至如归的体验。

图1-52　金奖——suitable pillow舒适枕1（设计者：沈益青）

结构示意

枕头内部采用气囊结构，
可根据人体颈椎曲线进行调整。
纵向通过单元气囊的充气量控制，
横向通过各单元气囊的差异进行高度调节，
从而形成适合的枕头曲线。

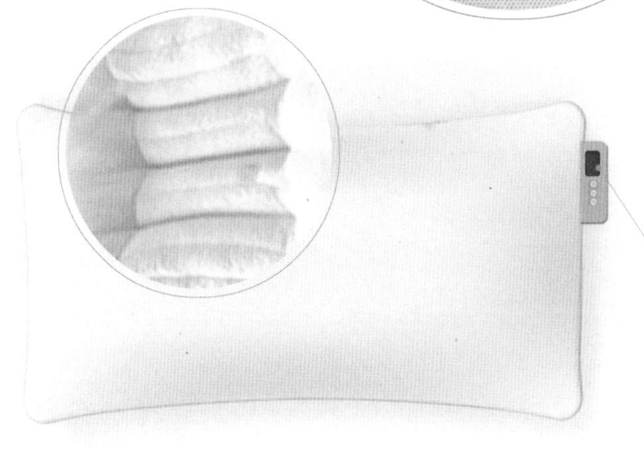

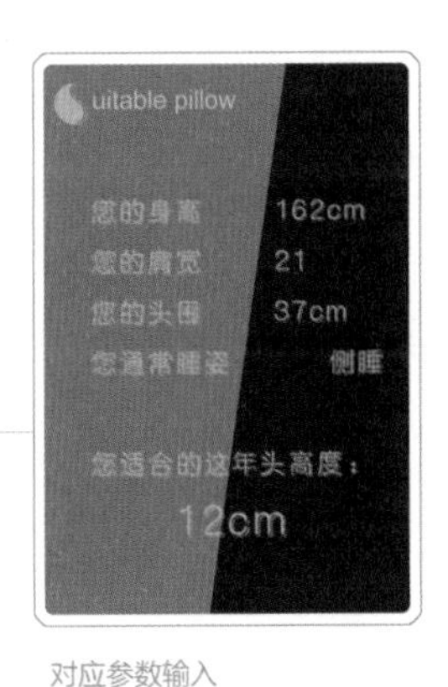

对应参数输入

uitable pillow
舒适枕

操作说明

1. 输入自己的身高、头围、单间宽度参数。
2. 枕头根据对应参数，自动匹配合适的高度。
3. 枕头内部气囊根据设定阈值进行气体调节。

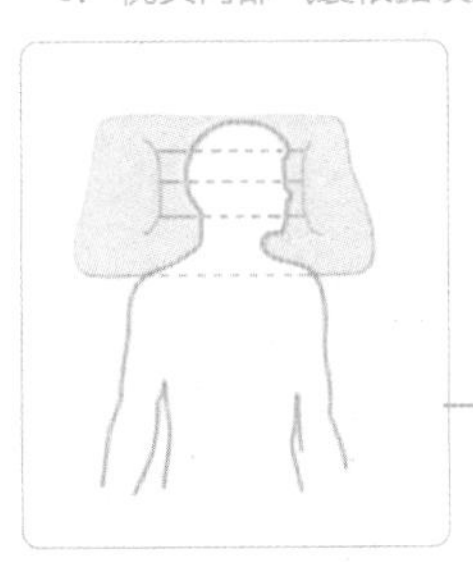

身高、头围、单肩宽参数输入

5种枕头型号

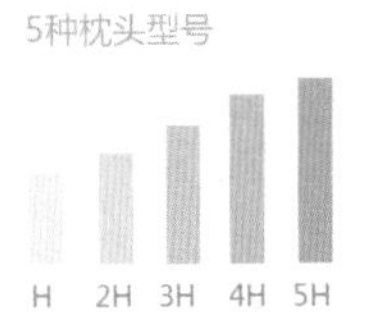

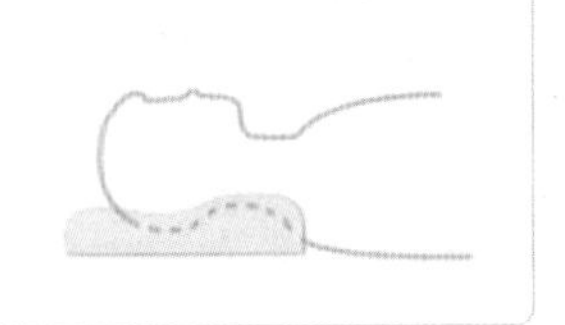

调整到适合自己颈椎曲线的枕头高度

图1-53 金奖——suitable pillow舒适枕2（设计者：沈益青）

（3）第一次红点

第一次参加红点设计大赛，是前面两位同学共同组队的。当时红点的奖项设置并不丰富，参赛时两人在想，要不要把之前的作品直接投稿呢？两人思考后决定，不用现有作品，重新构思新的创意点！新的设计作品，获得了红点优胜奖。这个奖项也成就了第一位同学远赴德国留学，可见比赛、求学、成就自我是一体的。

（4）特等奖来了

特等奖来之不易。作为主场作战的我们，仅有七件作品入围初赛（初赛最多可以入围十五件作品）。严峻的形势，让师生倍感压力，觉得决赛无望。但仍有几组同学轻易不言败，师生们团结一致，将七组的设计概念进行了重新定位，师生全程待在一起，半夜模型监制、答辩提前模拟、现场情景表现。最终结果出来后，有一组的作品在众多作品中高居榜首，最后拿到了特等奖，这是参加该项赛事以来最难得到的奖项（图1-54）。

（5）省赛和IF

有人说红点和IF是工业设计圈的奥斯卡，同学们总是希望奥斯卡的大门能向他们敞开。图1-57中这个作品是当时参加省赛获得银奖的作品。获奖的这位同学向我咨询，能不能再去参加IF？他学生时期虽有很多比赛获奖经历，却从未获得过IF奖。按照作品的设计概念，我的建议是可以尝试，说不定还能获奖。后来的情况让所有人惊喜，这个作品拿了德国IF奖！这位聪慧勤奋的同学也继续去中国美术学院深造，期间去意大利访学，工作后还做了合伙人（图1-55～图1-58）。

（6）遗憾与挑战

设计图1-59的这位同学才华横溢，大一时就参加竞赛获得银奖，她一直希望能够获得金奖。遗憾的是这位同学在大学期间，始终没有获得过金奖。图1-59就是这位同学大学期间最后一次获奖的作品，她将无线摄像头与设计的产品相连，可以远程观察鸟类的生活并为小鸟提供帮助，可惜并没有获得金奖。后来这位同学去了意大利留学，期间还做了导演，拍的片子获得了大奖算是圆了她的梦想。

图1-54　特等奖——玄武（设计者：余美子、施菲菲）

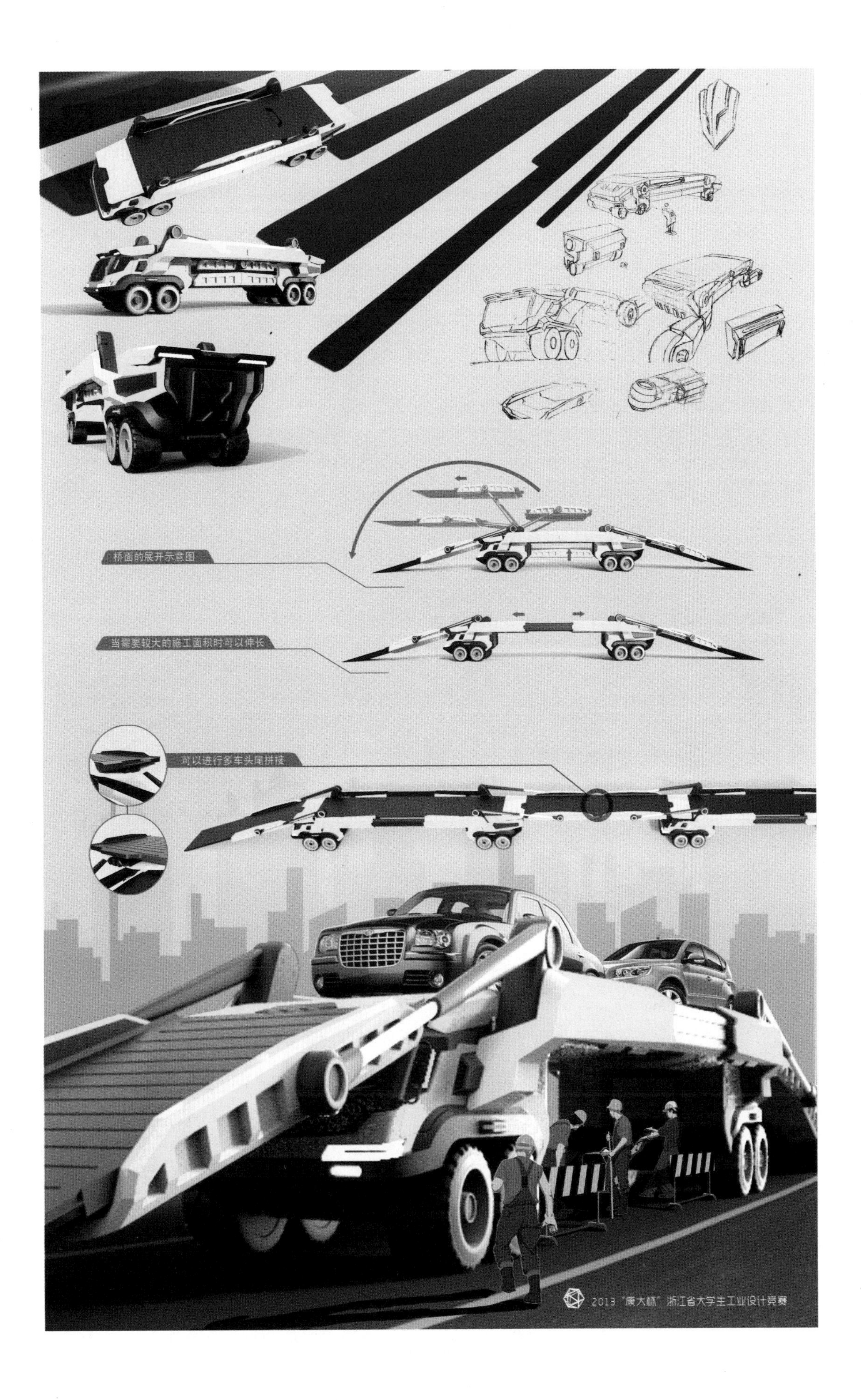
桥面的展开示意图
当需要较大的施工面积时可以伸长
可以进行多车头尾拼接
2013"康大杯"浙江省大学生工业设计竞赛

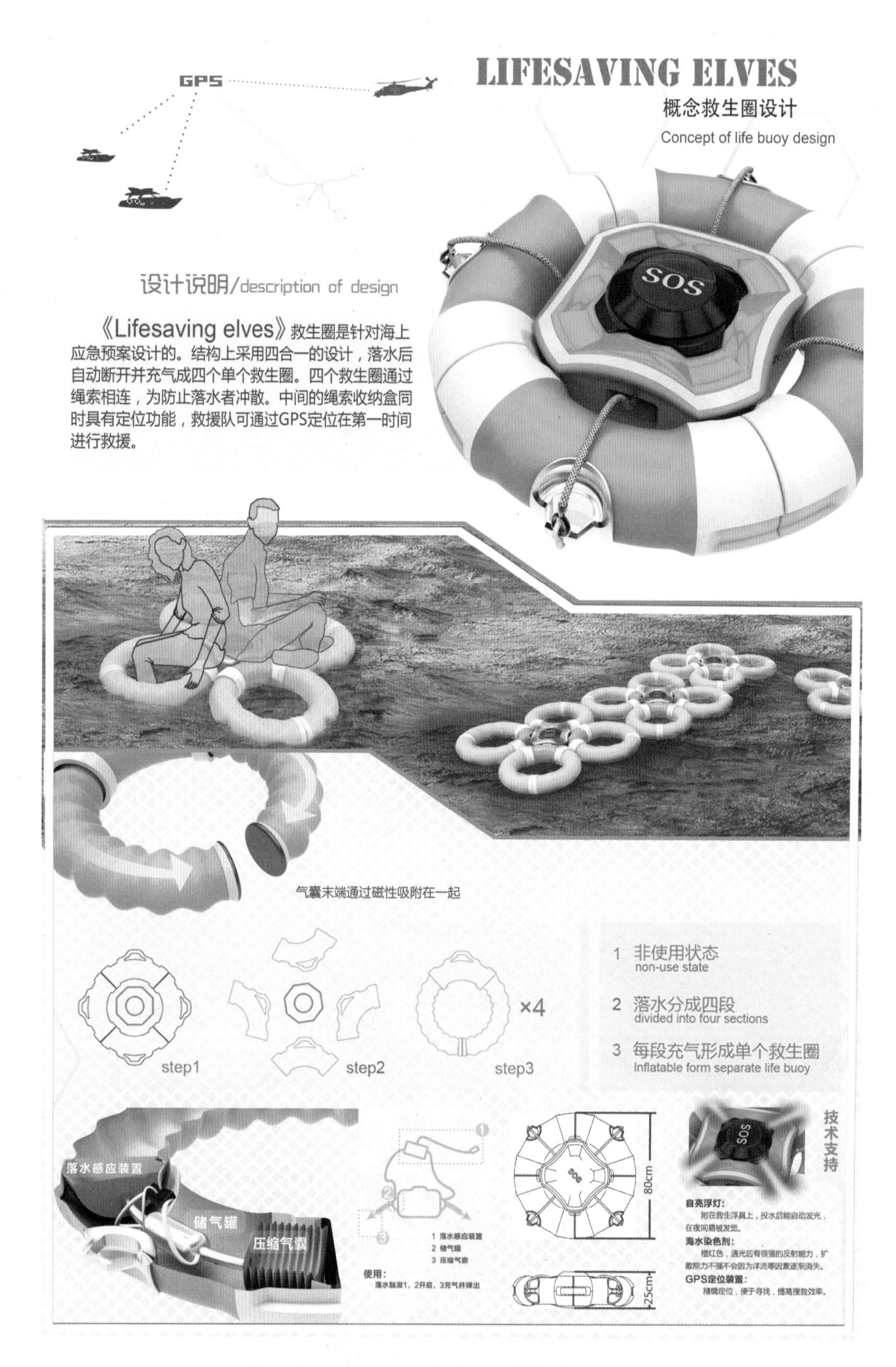

GPS
LIFESAVING ELVES
概念救生圈设计
Concept of life buoy design
设计说明/description of design
《Lifesaving elves》救生圈是针对海上应急预案设计的。结构上采用四合一的设计，落水后自动断开并充气成四个单个救生圈。四个救生圈通过绳索相连，为防止落水者冲散。中间的绳索收纳盒同时具有定位功能，救援队可通过GPS定位在第一时间进行救援。
SOS
气囊末端通过磁性吸附在一起
step1
step2
step3
×4
1 非使用状态
non-use state
2 落水分成四段
divided into four sections
3 每段充气形成单个救生圈
Inflatable form separate life buoy
落水感应装置
储气罐
压缩气囊
1 落水感应装置
2 储气罐
3 压缩气囊
使用：
落水触发1，2开启，3充气并弹出
80cm
25cm
技术支持
自亮浮灯：
附在救生浮具上，投水后能自动发光，在夜间易被发觉。
海水染色剂：
橙红色，遇光后有很强的反射能力，扩散能力不强不会因为洋流等因素逐渐消失。
GPS定位装置：
精确定位，便于寻找，提高搜救效率。

图1-55 金奖——概念救生圈设计（设计者：毛成杰）

2011“康大杯”浙江省第三届大学生工业设计竞赛
THE 3TH COLLEGE STUDENTS INDUSTRIAL DESIGN COMPETITION OF ZHEJIANG PROVINCE

IT’S MINE

- 你是否曾遇到在一堆矿泉水瓶中辨别不出哪瓶是自己的
- 你是否会宁可扔了一瓶不能确定是否是自己的矿泉水
- 你是否在超市或饭店里注意到小票可以用指甲等硬物画出线

我们在自己的矿泉水瓶上留下记号
关爱水资源

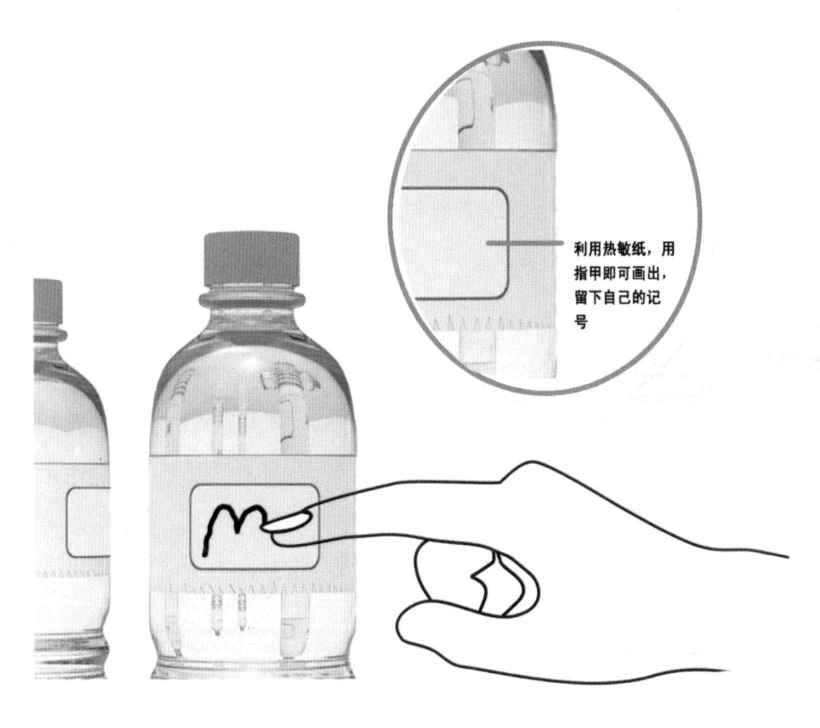

利用热敏纸，用指甲即可画出，留下自己的记号

图1-56 It's mine（设计者：周北海）

“變”潔口罩

CHANGEABLE CLEAN MASK

這是一塊濕巾，這也是一塊口罩我們的生活就是如此簡單，不需刻意地追求什麼，因爲我們已經擁有

Towelette

可撕開使用

耳挂開口　大小調節

使用説明

正常狀

使用狀

易折叠

易收纳

净 $

版面A

图1-57　湿巾A（设计者：张明吉、宋涛）

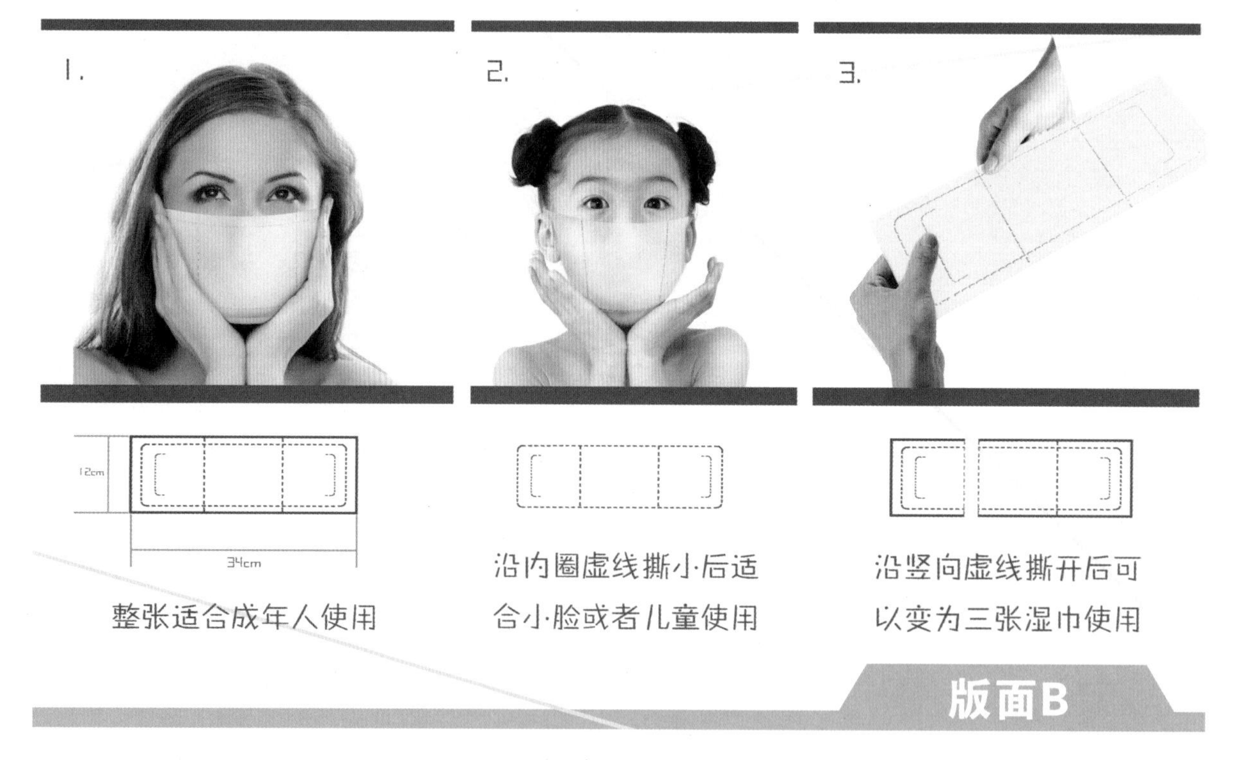

1.
2.
3.
12cm
34cm
整张适合成年人使用
沿内圈虚线撕小后适
合小脸或者儿童使用
沿竖向虚线撕开后可
以变为三张湿巾使用
版面B

图1-58　湿巾B（设计者：张明吉、宋涛）

bird.com

悬挂于城市的树枝上，方便鸟做巢。
内置微型摄像头，记录鸟儿的活动，发射到视屏终端，培养孩子从小爱鸟的意识。

图1-59 bird.com（设计者：崔芹子）

（7）量变与质变

量变与质变是哲学的观点，没有量的积累谈不上质的飞跃。参加创意杭州设计比赛的过程就体现了这一哲学思想。笔者进校时，学校的成绩并不佳，分析再三，找出重要原因是数量不够。怎么提高数量呢？笔者的建议是：课程上做比赛；暑期集中同学进行竞赛培训。使用这两个方法后，参赛作品在数量上效果很明显。当时一届2个班，一个班25人，在人数非常有限的情况下，投稿了500多件作品，一举拿了16个金奖。没有量的积累，不会有质的突破。当然，获奖的许多作品都是暑期集中训练时获得的，要产生成绩，专注是关键要素！

Introduction to Industrial Design

02

第 2 章　职场初练

第2章 职场初练

2.1 职场小白

目的：实现从学校到社会思维上的转变

意义：匠心精神从初入行开始

课程定位：工业设计职业发展

重点：对设计师个人能力的理解

难点：建构学科知识框架

经历层层选拔，毕业生凭借自己的努力终于获得一份满意的工作。他们怀揣着激动的心情，从学校踏入社会、走进职场。但很快，不少毕业生发现自己难以适应新的工作环境，这种不适应不仅仅是因现实状况与自身期望的差距，还有来自学生思维与职场思维的不同。职场不是课堂，从实习生做起的职场“小白”要尽快转变思维、适应角色！

以往的设计师多出身于专业的艺术领域，主要为商品提供多种图样的设计，富于自我表现和浪漫主义。1919年，世界上第一所完全为发展现代设计教育而建立的学院公立包豪斯学校诞生，使现代设计逐步由理想主义走向现实主义，即用理性的、科学的思维来代替艺术上的自我表现和浪漫主义。但直到今天，许多设计系的毕业生仍然摆脱不了自我表现和浪漫主义，并将这种情怀带入职场。当设计的越来越多的方案被否定或放弃的时候，沮丧感随之而来。

在产业全球化与互联网经济迅速发展的背景下，设计工作变得更加复杂，不再只是为产品简单提供附加值的工作。设计团队成员的背景构成也变得多样化，尤其在商业项目运作的初期，设计团队需纳入艺术、空间、交互、数据、运营、管理等多元背景人员。设计变成了设计团队对未知领域的一种探索活动，这种探索活动基于战略设计思维，挖掘顾客价值、推敲商业模式，从产品系统解决方案到品牌塑造乃至商业创新，都由“设计团队”来完成。因而，职场“小白”要尽快认清自身角色定位，尽管经验缺乏、能力有限，不可将自己定位为仅做画图的“美工”，而要把自己看作团队中推动项目运作引擎的一部分，对于任何项目，都要放眼全局、系统思考，尽快发现不足、完善自己。

2.1.1 江湖就是人情世故——初入职场的设计师该怎么做

从一名毕业生到一名职场人，如同修炼合格的小道士下山，来到了道观之外的世界。所谓江湖，有好事也有坏事，有利益纷争也有儿女情长，正所谓“有人的地方就有江湖”。职场即江湖，职场上的活动多以获取利益为导向，专业能力和素质可以直接决定薪资收入。处于商业竞争的环境之中，所有一切都要靠自己努力“修炼”，人生的酸甜苦辣咸也都会在职场中显现。初入职场的设计小白们，请先给自己打个预防针，“人在江湖飘哪能不挨刀”。下面5条“职场锦囊”供职场小白成长参考。

（1）热爱本行，看重成长机会

对于职场新人而言，要谈薪资待遇，但更要看重成长机会。干一行爱一行，既然选择了这一职业，就要时刻告诫自己勿忘敬业精神，入行之初不能太计较利益得失，薪酬放一边、学习置心前。一方面，离开学校这片土壤，能坚持学习的人很少。但时代在变化，客户在进步，行业也在进步，如不抓紧提升自己，随时就可能被淘汰。另一方面，和日本的终生雇佣制不同，我国社会对于跳槽是持包容态度的，这为职场小白提供了充足的试错成本，如果缺乏成长空间，换个工作环境试试也是一种不错的选择。

通常来说，大三暑期是比较好的实习期。这个阶段的学生基本掌握了专业技能，也有充足的时间为就业做铺垫。接收实习生的公司多为设计公司，一般公司会按照正常工资的80%提供实习工资，有的公司则象征性地给报酬，还有的则仅提供实习平台而完全不支付报酬。曾经有个大三学生谈起她的实习经历，公司在本地也算小有名气，因之前去公司参观留下了不错的印象，去之后才发现是零报酬待遇，导致心理无法接受。

这个结果需全面看待。从学生自身角度看，可能是作品集没能打动对方，尤其缺乏突出的设计能力，让公司认为她不是不可或缺的，这是“零报酬”的最主要因素。从公司角度看，实习生因经验不足、专业能力不强等原因，单独交由实习生完成项目会有较大的成本风险。对于面向社会招收、具有熟练技能的实习生，多数公司愿意将其容纳进团队并支付相应的报酬。

（2）注重职场礼仪，了解公司制度与文化

职场礼仪是一个必须引起重视的话题，因为并不是所有职场新手都能意识到职场礼仪的重要性。很多我们认为理所应当的职场礼仪，总有实习生做不到。不好的习惯会直接影响同事对你的评价，甚至会对项目带来负面影响。

①礼貌问候不可少。早晨进公司和同事道一声“早”、下班和同事说一声“辛苦了”之类问候语。切不可偷摸溜进公司，设计师是来做事的不是来坐班的。

②牢记时间和纪律规定。遵守上下班时间，不可偷懒，私人事情尽量不要拿到公司处理。有的新手刚进公司没几天就用公司电脑打游戏，或者上班时间睡觉。职场小白切记，切不可有侥幸心理，从进入公司第一天起就进入考察期，一举一动都在部门同事的观察之下，很多事情不说不代表没看见，勿图一时之快因小失大、得不偿失。

③及时保持沟通。设计师的职场不是一个闭门造车的环境，我们不可以用“憋大招”的方式来做项目，重要环节一定要随时和项目主管沟通交流，做到信息对称。这里借用日本企业的一种做法，在

日企办事对职员们的要求就是：ほうれんそう，这个日文单词的意思是“菠菜”，但这个词却和菠菜没有任何联系，而是要拆开来理解——ほう（報告）、れん（連絡）、そう（相談）。“ほうれんそう”是公司组织内部联合行动的基础，也是重要的商业沟通模式，報告是指汇报工作进展，如果勤汇报，那么即便出了问题，上司和周围的同事也可以及时处理。“連絡”是指将工作事实和信息告知相关人员，并向上司或同事传达工作计划和日程。“相談”是指适度地请示工作，尤其是在遇到问题或可能出现问题时，听取上司和同事的意见和建议。

（3）把同理心用在职场

同理心是指换位思考能力，这是设计师必须具备的基本素质。无论平面设计师还是产品设计师，其工作都需要专注于用户体验，理解用户体验就要具有同理心。同理心是一种给予、获取他人情感，产生共鸣和理解的重要工具。借助同理心可以感受和发现人们的实际需求，包括诸如功能需求之类的显性需求，以及炫耀或者认同感获得等隐性的需求，这都是帮助用户解决问题的基础。同理心可以让我们多维度地去思考怎样帮助用户解决他们的实际问题，使我们的设计决策能更好地聚焦于用户目标。在人际关系处理和日常工作中，同理心同样可以帮助我们与团队成员及利益相关者构建更好的人际关系与更高效的沟通方式。

设计师的同理心体现在做事的各个细节之中。有位设计主管和我分享了一个故事，公司新进五名助理设计师，产品经理有一份电子档问卷要让新手分发下去，每人回收十份。在回收时，五位新手的回馈表现各异，有的是命名原封不动的发还产品经理，有的则在命名时加上日期和姓名。电子文件汇总时若重名无法叠加，原封不动发还会给产品经理的工作带来不必要麻烦。兴许新手刚入职场还不懂规则，但这个小细节已能反映出哪些新手有同理心，哪些新手缺乏这方面的能力。为什么他人能做到？他一定在提交之前换位思考，多想了一层。作为设计师更应该具备设计同理心，尤其是设计新手要在设计过程中代入群体的喜好，因为产品不只是给自己设计，使用者还有他人、儿童、老人。如让一位男性设计师去设计一款女性专用的产品，他一定要把自己的思考方式放在女性的角度。

同理心是可以培养的，设计师首先要与目标用户建立感情连接，站在对方的角度思考，观察目标用户，避免认知偏差，另外要避免“非我发明症”，从非自我角度思考问题。

（4）虚心虔诚地向“老鸟”学习

古人云，“好风凭借力，送我上青云”，向富有职场经验的设计师学习是职场小白快速进步的重要途径。如公司有指派“师傅”带入门是最好的，但多数情况下小白都要自己主动去接近“老鸟”、讨教经验。职场上没有人有义务必须要帮你，所以，要处理好人际关系，不需刻意讨好，但沟通时需真诚相对。如果对方愿意扶持，必须以感恩之心牢记那是他人牺牲自己时间无私相助。学习时，务必要以虚心虔诚的态度，哪怕拥有傲人的资本和才华，也要放低姿态。

（5）充分发扬团队精神

仅是聚在一起，不能称之为团队。团队是一群有共同价值观的人，相互信任、相互理解，同时，各自独立、相互协作。在缺乏团队架构与共同目标的情况下，设计师容易以自我为中心。之前遇见过一个由年轻实习设计师组成的团队，负责人缺少经验，团队成员则分工模糊、职责不明，互相不认可对方的方案，矛盾进一步激化，甚至上升到人身攻击的地步。水火不容、谩骂争吵，到最后团队解散。最好的团队会在精心设置的工作流程下顺畅运行。从当前来看，设计的复杂性与跨界性已经不是独立设计师单打独斗就能解决的，大部分设计项目需由团队协作而成。因此，需要每一位设计师充分发扬“团队精神”。

①明确团队目标，坚决彻底执行

目标是团队的航海针，无论团队出现什么样的争执，目标明确之后都需彻底执行，团队的所有努力都需以目标为方向。

②进行有效沟通，做到信息对称

以往团队之间的沟通主要通过邮件的方式，新媒体工具的出现，特别是微信的使用，让设计师有了更高效的沟通方式。不管是邮件群还是微信群，要及时查看群内信息，第一时间处理和回复，不要让自己成为一个旁观者的角色。

③努力控制情绪，积极营销创意

设计师新手经常会遭遇上司或者同行尖锐的否定意见，次数多了就可能出现情绪化表达。每个人性情不同，这就需要团队磨合。同时，要清晰有效并充满自信地阐述自己的观点。

④接受上司的观点，培养服从意识

职场小白在面对意见分歧时，有时会出现两种极端：一种是事事都听上司安排，完全没有独立思考；另一种是“非我发明癌晚期”，事事都钻牛角尖，偏偏要逆上司安排而行。新手尤其要避免这两种极端方式，视野不同，认知有差，如果决策权不在自己，那就尽力接受上司的安排。

⑤敢于提出问题，共同讨论解决

工作中难免出现差池，主管和设计“老鸟”也可能会犯错。如果发现项目开发过程出现不合理的地方，新手要以正确、合理的方式提出问题，同时，勇于提出自己的解决方案，与同事们共同商讨解决。

⑥主动分享资源，提高协作效率

好东西要学会分享。可以利用“花瓣”等设计共享平台，主动分享收藏和整理的优质设计资源，同事也能够通过你所分享的资源，更准确理解你的设计意图。

“职场锦囊”告诉我们如何在职场中做人做事，其中最重要的莫过于“同理心”。“同理心”是设计师为人处事、提升自我的第一法宝。当你在职场遇上难以处理的问题，不妨换位思考，假如你是上司或者公司老板，你会如何处理？

2.1.2 初入职场的普遍问题

新手设计师初入职场遇到的问题中，“美学素养的缺失”排在首位。大部分实习生或初入行两年以内的设计师，在设计草案敲定进入计算机辅助设计和展示产品效果阶段，新手们的作品常常让我们惊愕不已：花花绿绿的配色、乱七八糟的线条、莫名其妙的比例，仿佛有一种神奇魔力让几何形体变得尴尬无比。“简约设计”和“功能主义”的流行让新手设计师对于美学素养产生了诸多误会，认为不需要花费太多心思在产品外观上。但在“美学素养”缺失、经验缺乏、接触面狭窄的情况下，设计小白们对设计元素的拿捏难以做到收放自如。正确理解“美学素养”意义重大。

一双“解放军胶鞋”、印着“为人民服务”的帆布包、搪瓷水杯、蛇皮袋子，这些物件在国内以往是廉价土气的代名词，有段时间却突然在国外被当成中国的代表性文化受到追捧，并反过来影响中国时尚潮流。设计审美是设计师在客观环境影响下对产品美丑的一种主观判断，设计美学在设计过程中有着举足轻重的作用，甚至有人说设计美学是对用户的第一尊重。设计美学会受限于时尚、文化、社会、经济、科技等因素，发展于20世纪20年代的现代主义设计，主张形式追随功能，“简单优于复杂，平淡优于鲜艳夺目；单一色调优于五光十色；经久耐用优于追赶时髦，理性结构优于盲从时尚”，为人们带来了一个朴实的工业产品时代，而在20世纪30年代，美国商人为了迎合大众趣味，把产品外观作为商业促销的重要手段，流线型设计开始被推崇，成为当时一种主流的设计审美风格。流线型是空气动力学专用名词，得益于当时新的制作工艺与成型技术，流线型塑造了一批当时最具未来主义色彩的产品，包括汽车、冰箱、电熨斗、烤面包机等。流线型设计为大萧条中的美国人民带来了生活的希望和解脱，也用象征的表现手法赞颂了“速度”之类体现工业时代精神的概念。

所有产品都有它自身的形式，但并非所有产品都需要设计美学，比如一根内存条或者一台自动变速箱，技术和工艺带来的功能服务是首位的，改变色彩或者外观对于这种产品的销售并不会造成影响。另一面则是高度依赖工业设计的产品，比如一双高跟鞋、一顶帽子或者一枚水晶胸针，消费者购买的最首要判断因素便是是否符合审美要求。芝加哥学派的现代主义建筑大师路易斯·沙里文提出“形式追随功能”理念，认为设计应主要追求功能，而使物品的表现形式随功能而改变，也就是一切都以实用为主，所有的艺术表现都必须围绕着功能来做形式。在设计史上形式和功能的问题是一个不断被探讨和修正的话题，其中一种理解是形式受限于产品定位，设计师需要根据使用场景来定义产品应有的形式。可以说，设计美学是永远被市场销售人员所低估，被设计师群体所高估的一个话题（图2-1、图2-2）。

图2-1　流线型的大众甲壳虫汽车

图2-2　捷豹E-type

当一位想买车的顾客走进4s店时，销售人员笑脸相迎，并努力向这位顾客推销一款车型，有的销售会告诉顾客，这款车子全车架80%材料采用高强度硼钢，以表达车身很安全；有的会说这款车型百公里加速是7.6秒，表达车子加速很快；有的会说车子长度超过5米，空间很大；还有销售会说刹车部件用的“BREMBO多活塞卡钳”，音响系统是“宝华韦健”，车子已然一身名牌在身。但几乎很少有销售会告诉顾客“车子很美”。设计美学究竟重不重要？重要，“如果停好车后不想再回头多看它两眼，那证明你买错了车子”！汽车是工业革命产生的行走的艺术品，“颜值即正义”，可以说汽车设计处在工业设计金字塔的顶端，是对设计美学要求最高的产品。但汽车外观并不是好看就能解决销售的问题，紧凑型车的底盘硬生生地设计一款跑车的样子，做出的产品便显得不伦不类。所以我们认为形式追随功能更多的是指外观要和产品定位相匹配。劳斯莱斯稳重大气，外观设计是汽车设计界的翘楚，类似的外观放在一辆家用小型轿车身上则明显会给人以违和感。动力孱弱却拥有四个排气管设计的汽车也会让消费者所诟病。车身比例和线条等各种细节同样给汽车设计带来千变万化的感觉。如图2-3所示某两车型侧面对比，同样都是“跑车”定位，上面车型车身比例奇怪，车顶曲线过渡突兀，腰线平直单调，设计尤其尴尬，下面的车型比例协调，车顶和腰线曲线宛如流水般自然流畅，尽显现代工业之美。

职场小白要提高自身的美学素养无捷径可走，所有号称“天才”的设计大师之所以能做出让世人惊艳的作品，背后的训练与心血可能只有他一人所知。但提高美学素养是有方法的。

（1）资料整理归纳

将让你感到惊叹的设计作品进行分类整理，可以是细节素材，如：设计素材——按钮、设计素材——屏幕、设计素材——纹理、设计素材——把手等。也要有产品类别的设计，如净水器的设计、平衡车的设计、小家电设计等。还可以根据形态进行整理，如正方形的设计、球形的设计、流线型设计、拟态设计等。每个人方法可以不同，但一定要经历动手整理这个过程，因为收纳过程并不仅仅是简单的整理过程，更有助于消化吸收。

图2-3 某两车型侧面对比

（2）思考——理解设计作品

为什么多数家电选择使用白色为主色调？空调为什么要挂在墙上？一款收音机用大倒角和小倒角会有什么区别？这款电钻产品为什么用了刚劲有力的线条而另一款电钻却尽显曲线之美？所有的问题答案并不惟一，我们整理了自己的庞大的“设计库”，就不能让这个“仓库”积灰，要时不时地翻翻看，看的过程中思考，为什么要设计成这个样子？设计成其他样子是否会有更佳的效果？

（3）不要停下创作的脚步并尝试和大家沟通交流

哪怕自己的作品再丑也不要气馁，美学素养的提升是一个由量变到质变的过程。见识开拓、经历丰富了自然便会有提升。年轻设计师不要轻易满足于现有作品，而要多虚心接受他人的意见。每一次对自我作品的否定都是一次进步的机会，我们通常建议大家保留自己最早自认为很满意的作品，项目最后再对比自己早期方案和最终方案，这种对比呈现了设计师在每一次设计过程中的进步，对提升设计能力效果明显。

（4）放宽视野，享受生活

行万里路读万卷书，开拓视野可以很好地帮助设计师提升美学素养，从办公室里走出去，去海边、去爬山、去体验世界各国不同的风土人情，生活中所有的新奇经历都会化作创作的养分。最重要的，是找到属于自己的方法并且持之以恒，这才会让你成为一名更成熟的设计师，而不只是从事修图的“美工”。

最后还需探讨“山寨”这个话题，从职业道德看，当然要抵制低水平的商业抄袭行为。从学习角度上看，在非商业目的下尝试复制一些经典设计作品，亦是一种快速提高美学素养的捷径。这种方法争议较大，反对者担心“山寨”会成为一种习惯，并影响设计师的自主创新能力。但另一个角度看，抱着学习的目的吸收名师大家的营养，在此过程中理解美学，或吸收有用元素为己所用，不也是一种快速进步的方法吗？如同一位文学家经常需要翻看并记录大量的经典名篇，辞藻句式累积越多，才能慢慢写出属于自己风格的文章。是否愿意花时间复制经典设计作品，这需交由大家自行决定。

2.1.3 吃饭的手艺要精

曾经跟随一位名师和甲方谈项目，对方提出要看团队之前的作品，名师整理后把以往相关作品发给对方，对方看到后赞赏不已。而名师只是轻描淡写回复了一句，“过奖了，吃饭的手艺而已”。这句话让笔者印象深刻，有多少设计师能意识到自己是一名“匠人”，要时刻以匠心精神雕刻“吃饭的手艺”？

（1）反思自己的手绘水平

无论现在业内对设计如何定位，最终都绕不开“视觉化”的表现结果。如果说创意是人人都可以拥有的一种能力，那么视觉化表达则是设计师行业区别其他行业的重要门槛，是多数设计师的看家本领。在当前科技水平下，视觉化表达主要包括草图表达和计算机表达。计算机表达是通过数字化建模来表达产品效果图或者加工图，一张精湛的效果图完全可以和相片媲美。但由于当前专业软件入门门槛也越来越低，稍加培训便可以应付多数的设计工作，这让许多年轻设计师为之痴迷，渐渐养成依靠软件的习惯。熟练的软件操作当然是一种必备能力，但对新入职场的设计师不完全调查发现，大部分新手设计师能够意识到软件重要性的同时，却轻视了手绘表达的重要性（图2-4）。

草图是设计思维表达的一种方法。手绘对于一名设计师来说意义非凡，因为手绘不仅是方案展示方式，更是一种创意手段。从大脑的映像到展示交流，手绘对设计师来讲是最直接的方式，有的设计师偏重于建模技能，甚至直接跳过手绘在电脑上通过建模把想法表达出来。但对多数设计师而言，隔着鼠标以及软件工具这些环节，直接将思维进行表达难度不小。手绘有助于设计师将使用场景可视化，并快速表达功能点，也有助于设计师快速评估展示创意，并对产品形态展开推敲，完成初步视觉方案（图2-5）。

设计师和客户谈项目时，通常会带一支手绘笔或者手写板，一边和客户沟通，一边将想法通过手绘直接表达出来，当项目沟通结束时，方案也就可能有了一些初步设想。手绘也能体现设计师群体的专业性。在团队内部交流中，项目前期阶段的多数想法都是通过手绘表达给大家一起进一步讨论，新入职场的小白在这个阶段往往无所适从，勉强拿出来的手绘，有可能让设计总监直言“看不懂”（图2-6）。

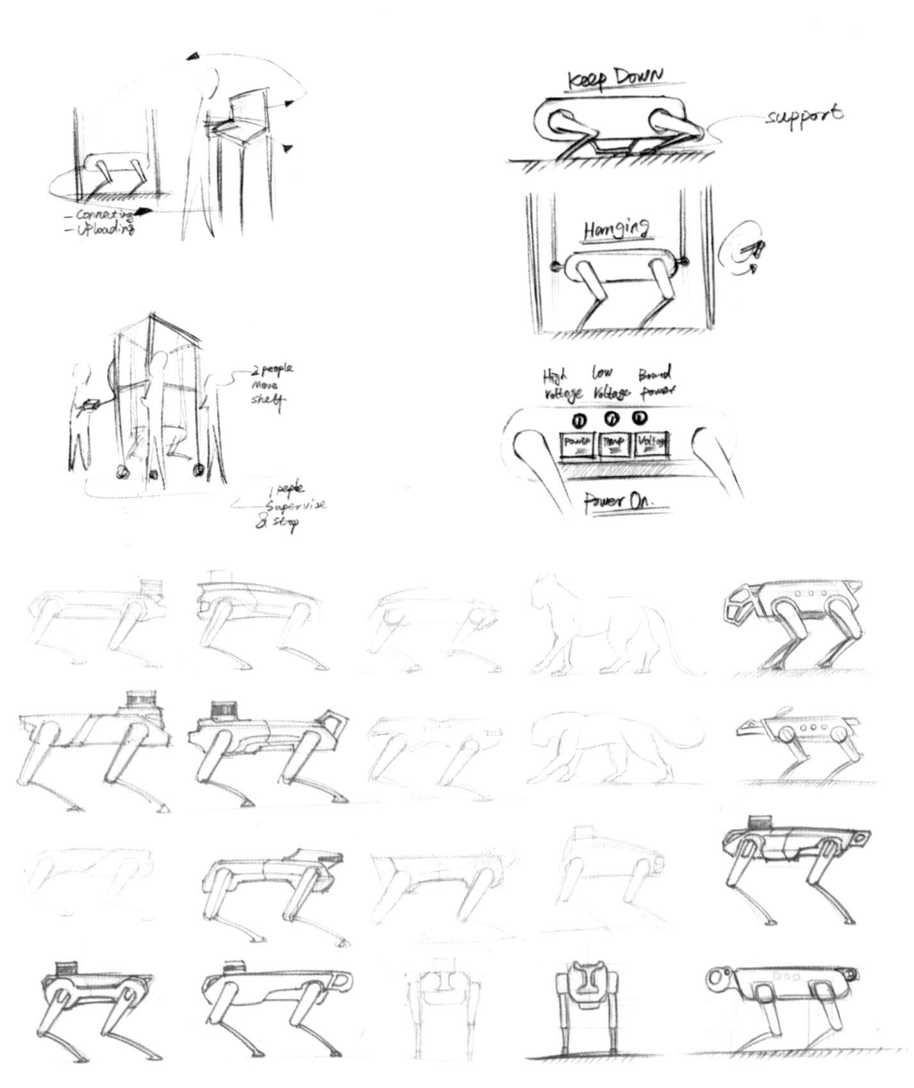

图2-4　从场景推导产品形态（设计者：李冰）

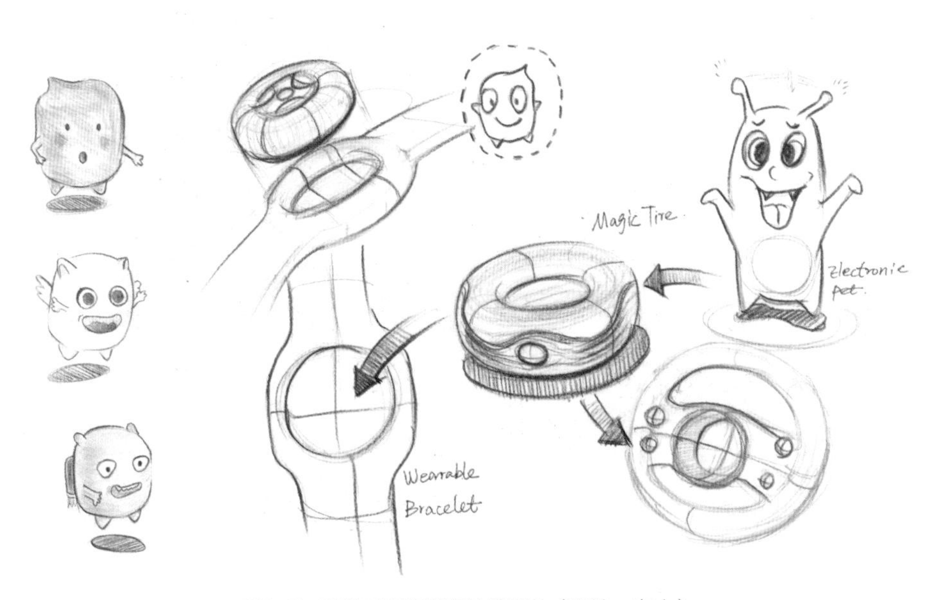

图2-5　手绘对创意进行快速评估（设计：李冰）

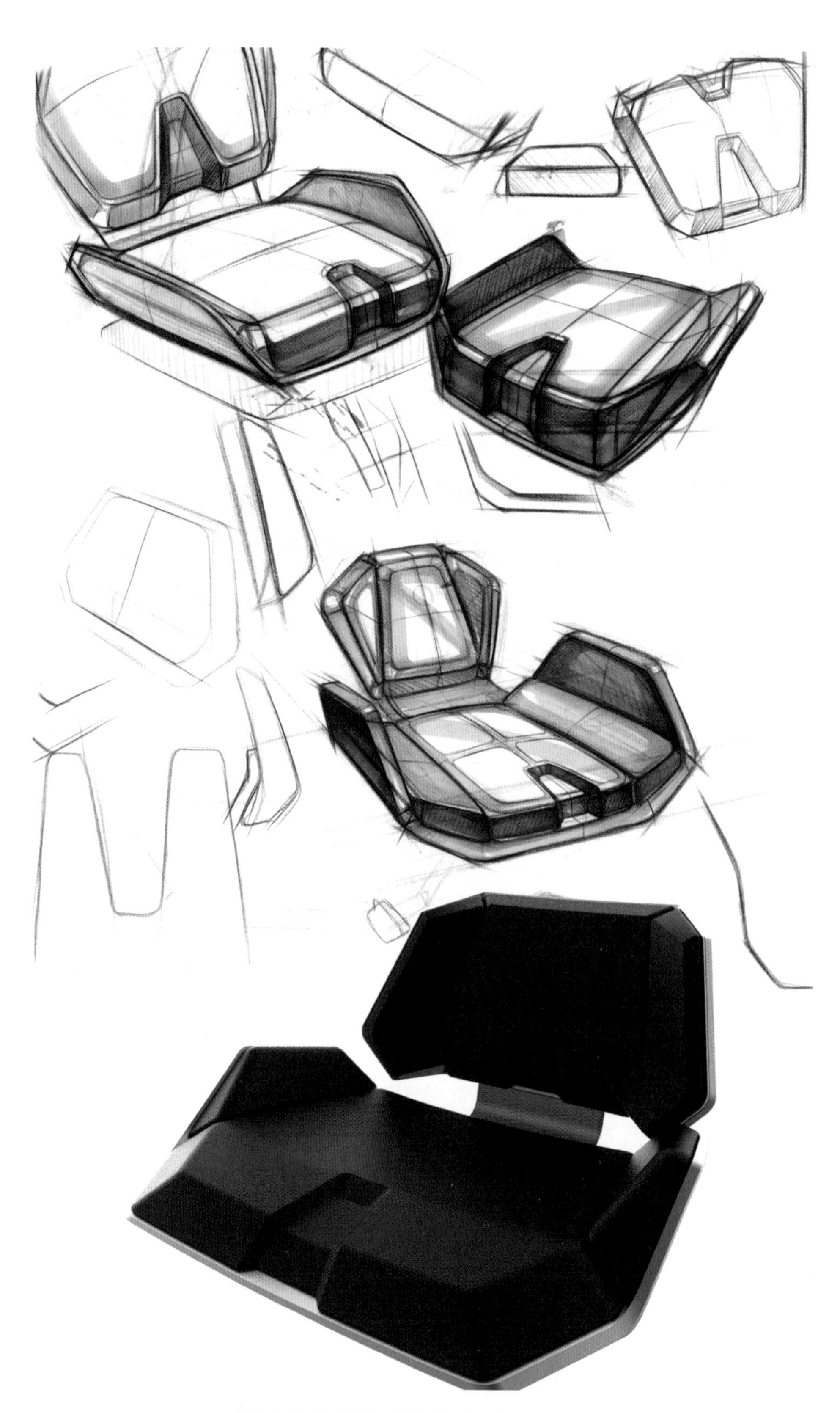

图2-6　手绘推敲产品形态（设计者：徐成）

日本千叶大学设计系的学生通常在大学早期阶段就练就了专业的手绘表达能力，由于后面课程涉及的项目几乎都会明确要求有手绘表达，到毕业之际，他们的手绘表达能力已可称得上“专业”二字。反观国内一些学生，除了不重视的因素之外，在大二阶段匆匆结束手绘课程之后，后面课程基本不会接触到手绘。这让很多用人单位感到为难。在职场上如何快速提高自己的手绘能力?

首先，要积极主动展开创意练习，充分借助项目创意方案阶段动笔，如在一张A3纸上尝试画出二十个以上不同的方案，注意各个方案之间的差异性，这个阶段重在创意而非表达。

其次是展开大量的效果表达练习。这个阶段重表达效果，透视和线条要掌握好，不用担心出错，珍惜每一个项目的锻炼机会，熟能生巧。

最后要注意积累人物表现技法。对于新手设计师，重要的不仅仅是产品手绘，还有故事版表现，因此要掌握必要的人物画法。可以参考一些简单漫画的技法，慢慢形成自己的风格。

（2）处处注意视觉表现

初入行的设计师一开始会以为只要手绘表现好，建模技术强，能做出完美的产品效果图就可以完成任务。产品效果图只是设计流程中的一步而已，有一门特别重要“手艺”往往容易被新手设计师所忽视，那就是视觉化表现。在产品设计中主要应用在排版和设计展示，也就是我们所熟知的“版面”和“PPT”。

视觉化表现是平面设计师的专业能力，也是所有设计师都必须具备的素养。视觉表现是方案前期阶段的主流表达方式，除了可以直接给客户展示方案效果，体现自身专业水准，甚至还会影响方案决策，达到“方案推销”的目的。如标志设计，同一个LOGO，通过不同应用场景的“包装展现”，可以完全呈现出不同的设计效果。另外，参加设计比赛基本都会要求有版面设计，而版面的水准则会直接影响到比赛结果。

版面的设计方法在大学课程中应该都有提及，是一个“信息逻辑”和“美学素养”的话题，如无法做到专业水准，参考成熟的排版方式做到表达清晰，主次分明即可。提高PPT制作水平则是每一位新手设计师应该掌握的。通常很少会把最终汇报PPT交由新手设计师来独立完成，但在产品调研和初步效果阶段，都需要团队成员通过PPT方式表达。PPT的设计原则在网络、书籍上都有不同介绍，除了PPT设计的普遍性原则，我们提供几个“速成”途径供新手设计师参考：

①活用模板，积累素材

网络上的PPT模板，新手设计师可以“拿来主义”直接套用，不过网络的模板设计水平良莠不齐，使用之前做好甄别。每次制作用到的图标素材，注重积累。

②设计自己的专属PPT模板

PPT形式固然要强调，但内容始终是最重要的，PPT再精美也不能喧宾夺主。这时就应该形成自己的风格，关注展示效果好的PPT并制成模板。这可以为今后减少大量工作量，让自己能专心投入方案设计中去。

③数据可视化设计

数据可视化即“让数据说话”，用到的“语言”便是全球通识的“图形”。目的是为了能够更高效地传达数据发布者的意图。好的可视化数据犹如在讲故事，让观众身临其境地感受并理解大量信息。新手设计师一定要有这方面意识。

（3）扩充专业领域的知识面

设计是一门综合学科，除了必备的专业设计技能，还需要有多学科支撑，如心理学、材料工艺学、人机工学、市场学、社会学等。目前来看，不少新手设计师对这些知识停留在一知半解的阶段，更不用说要在设计中实际应用这些知识。设计背景的跨学科教材在我们的设计教育市场中一直是个缺口，而日本在设计的跨学科研究方面有着深厚的基础，有非常多设计背景出身的作者撰写的跨学科书籍，如《エクセルによる調査分析入門》（基于Excel的调查分析入门）的作者井上勝雄先生，作为一名感性设计学科的教授，从设计角度撰写数据分析方法与操作，里面的案例就是分析设计，这种工具书对设计师的可读性非常强。当前，我们从日本引进的多为设计思考类书籍，名气比较大的如原研哉先生、佐藤大先生的一系列设计丛书，但实操性较强的跨学科参考书显得尤其稀少。设计师在成长中一定要经历一个自我摸索的过程，在摸索过程中积累了相关学科的常用知识，如产品设计最常用的材料、最常见的表面处理工艺、新材料新工艺等。

“湿度在海拔2400米的高处凝聚，催生出一种珍贵的食材——小花菇，枯树上寄生的真菌，蘑菇中的王者。鲜花菇含有90%的水分，干燥过程暗藏玄机，炭火烤房内，是人工栽培的香菇，事实上，新鲜香菇远不及干香菇的味道，奥妙就在于香菇在脱水过程中，会自动转化出大量鸟苷酸盐，有强烈的鲜味，因此，只有干燥之后，这种菌子才真正称得上香菇”。这是纪录片《舌尖上的中国第二季》中的一段话，同一种食材，经过不同的处理方法，口味竟然会有百般差异。一名厨师要充分掌握食材的秘密，才能做出可口的料理。作为一名新手设计师，要懂得材料的秘密，充分掌握材料的特性，然后选择合适的材料，只有这样才能让作品焕发出不一样的光芒。

新手设计师除了应该了解最广泛使用的一些塑料如：ABS树脂、聚乙烯PE、聚丙烯PP、聚氯乙烯PVC、聚苯乙烯PS以及聚对苯二甲酸类塑料PET，以及具有强化功能的工程塑料，常用的有聚碳酸酯PC、聚甲醛POM、聚酰胺PA（尼龙），还要了解塑料成型的工艺方法如：注射塑成型、挤出成型、压制成型、吹塑成型、热成型、滚塑成型、压延成型、浇铸成型、发泡成型、搪塑成型、传递模塑成型、手糊成型等。塑料制品相对于其他材料，能够加工出高自由度和高精度的形状，所以塑料也是被设计师最常拿来用的材料，在相同材料相同表面工艺情况下，曲面的膨胀程度，倒角的微妙改变都会给设计效果带来巨大的变化，因此设计师要对设计慎重推敲，充分利用材料特性传达设计寓意，并且根据产品的尺寸、成本等要求采用不同的设计方案，让设计工作和工程方面能够高效衔接（图2-7）。

图2-7　不同工艺生产的不同产品

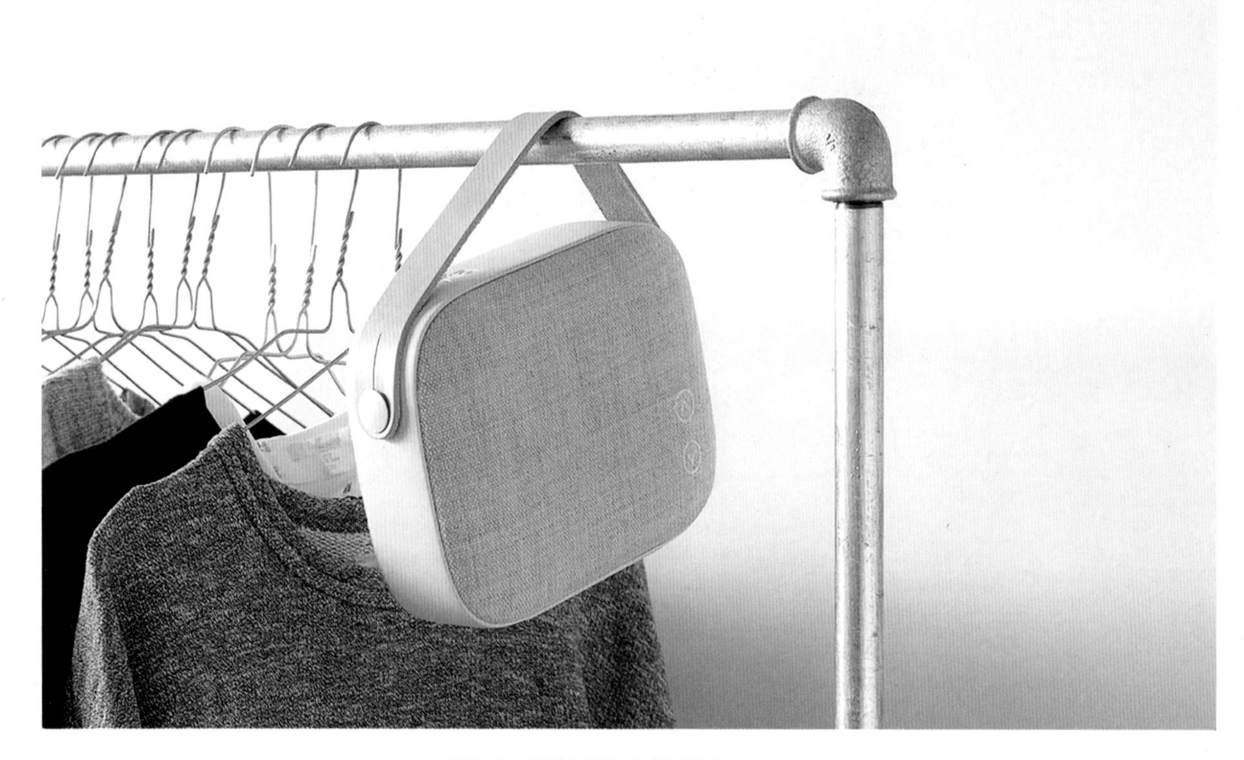

图2-8　采用布面和皮革设计的Vifa音箱

除了塑料，设计师还有金属、玻璃、木材、皮革、布料、纸等多种材料可以选用。不了解材料特性的新手设计师面对这么多选择时往往无从下手，我们的建议是，成本允许的情况下可以大胆地使用，以效果作为评判标准。

Vifa推出的蓝牙音箱（图2-8），防尘罩由布料制作而成，进一步拉近产品和消费者的距离，既有如同精品包包的方正外形又不失个性，极易与各种居家风格融合搭配，散发斯堪的纳维亚风格的设计质感。

近期流行的“纸手表”（图2-9），采用杜邦公司生产的一种环保无纺布，又称Tyvek或特卫强，因其具有单向透气的性能，又称之为“呼吸纸”。这种材料重量轻却非常坚韧，结合了纸、薄膜和纤维的优点于一身，坚韧而耐用，具有很强的抗撕裂特性，用来制作手表既保证了低成本，又能满足用户的时尚需求。

表面工艺也是新手设计师需要尽快掌握的高相关度的知识。古人在处理木质家具的时候上漆或者上蜡，为木质家具升华出独特的质感，并具有了防潮防虫蛀的功能，这就是设计师经常提及的表面工艺处理。大部分材料都需要经过表面处理才能投入进一步生产，常见的表面工艺有表面喷涂、电镀、抛光、蚀刻、阳极氧化、电泳、激光雕刻、金属拉丝等，另外还有水转印、热转印、丝印、移印等印刷工艺配合表面处理。要记住这么多处理工艺，设计师必须多跑模型厂和加工厂，有心记录整理，才能熟记于心。

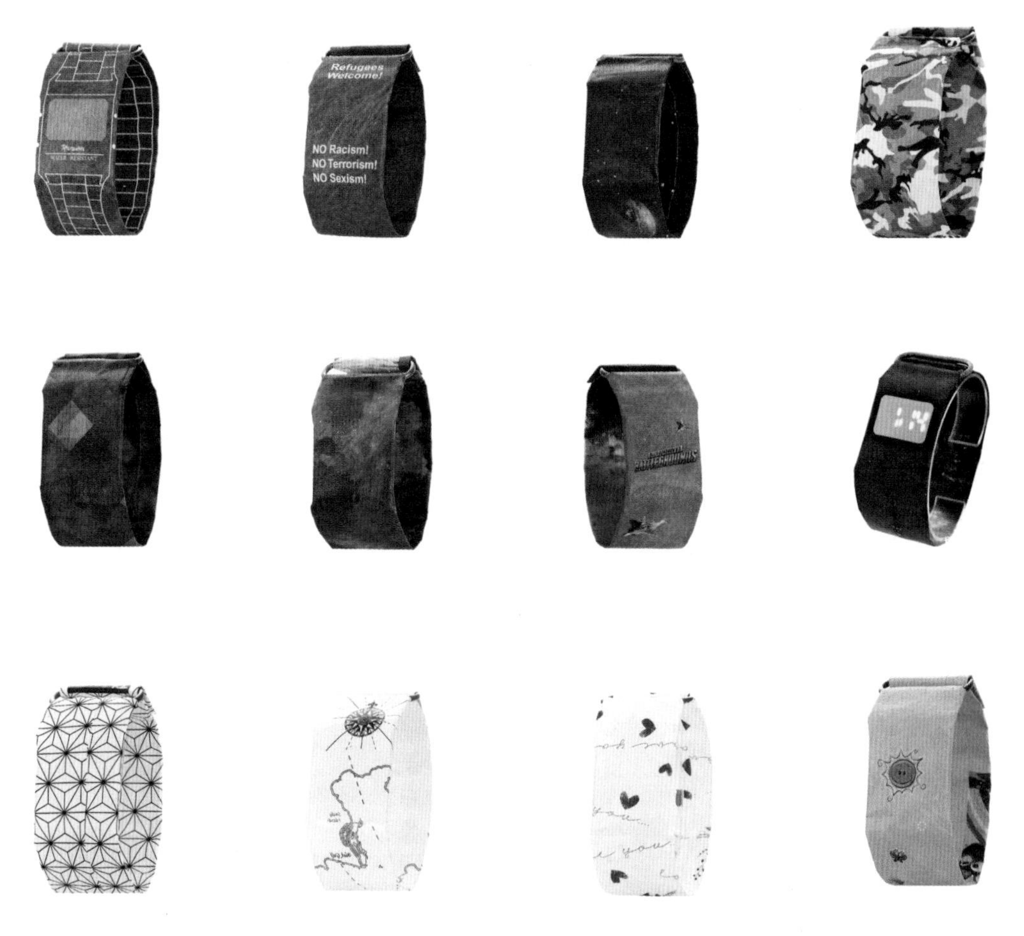

图2-9　用杜邦纸制作的手表

2.1.4　写给职场初练的新手设计师

杨涛是公牛集团的设计主管，有着十二年的设计从业经验。关于设计师的成长，他有着独特的看法：作为职业设计师，需要树立科学的“设计思维”。尽管设计思维并没有作为一个大众议题公开讨论，但进入企业后，可以随时发现，从公司管理架构到部门之间沟通交流，人与人之间对问题的看法不一，其关键原因在于设计思维的影响。设计思维并不能解决公司所有问题，但可以帮助我们改进或改变企业开发产品、服务、流程、战略的方式，进而从人性化、技术化、效益化、持续化等多角度制定公司战略。

对于初入行的设计师，特别是国内设计专业毕业的学生，可能需要1～2年的再学习时间。建议在学校时应着力培养设计基础能力，之后投身热门行业，在导师的指导下迅速提高。要始终铭记设计师的任务是创新，2年内学会技法，之后融会贯通、发挥自己、展现才华。同时，要在自己兴趣范围内扩充认知，跳出设计圈看设计。

大冰，设计学博士，GD Design Coach，十年设计从业经验。一路走来，见证了许多设计师的成长，她认为以工业设计“设计师”作为职业，即作为产业环节第一线的“设计师”，个人的专业能力和表达欲望更为重要，必须有一些“设计洁癖”。一是工作能力。设计师的工作，是一个系统工程。若从职业发展阶段来看，工业设计师可分为三类。一是造型师，二是管理者，三是战略者。通常情况下，接受完本科教育的设计师至少能够独立完成一些造型工作，具备草图、平面表达和三维表达的能力。若可以较准确地将自己的想法或设计主管的想法以这三种形式再现出来，便可以做一名称职的实习生。造型师与管理者的区别在于，管理者拥有独立的设计能力，包括对于产品功能场景的系统化分析、为组织团队提出合理的设计概念，并能将设计概念进行有效控制表达，包括形式、功能和材料工艺。战略者与管理者的区别在于，战略者拥有更敏锐的商业思维，能够对产品所面向的市场环境和商业环境有一定的认知，并依此提出相应的设计建议。这三个角色像三个台阶，也许有快有慢，但没有人可以跨级而上；这三个角色也像三条路，每一条路都可以走出康庄大道。二是心态调整。除工作能力外，心态调整在这一行业中意义重大。学校的专业课，可以给学生提供充足的机会，但也可能造成学生惰怠。行为上的惰怠肉眼可见，思维上的懒散也一样明显，只是当事者往往不自知。这些行为可以定义为“交作业心态”和“学生思维”。“交作业心态”表现为，对自己的设计草图或成果，没想法、没内容、懒于表达。在学校，交个作业，老师给个分数，就结束了。好或不好，全凭老师来评价，自己并不思考。但在工作环境中，大家需要把每一个工作机会当作是展示个人的舞台，努力呈现与众不同的创意。“学生思维”表现为人云亦云，或过分崇拜权威。设计实践不同于设计学习。学习中尊师重道，认真对待课堂是对的，但也要思辨。实践项目里，人人都是平等的。刚入行的新人，容易陷入“猜测”设计主管偏好的思维误区。遵从的表面下，其实就是思想的懒惰。好的设计团队是彼此成就的。如果仅将设计作为解决温饱的手段，浅尝辄止，或许也能收获一份岁月静好；如果将设计作为理想和人生的支点，那就需要对自己的行为严于规范，对个人作品精益求精。

2.2 职场沉淀

目的：认识设计师的成长

意义：职场领悟产生共鸣

课程定位：工业设计职业进阶

重点：战略设计思维

难点：对企业战略设计的理解

资深的设计师已具备熟练的专业能力，并能独立完成一个设计项目从初期设计创意、效果表达，到项目管控，最终模型打样等环节，设计总监只需提方向性的要求，其他任务可由设计师把控。资深设计师的心态亦更加沉稳。与职场小白相比，二者在专业能力和思维方式上存在明显不同。

刚入职的新手设计师，对待设计工作充满憧憬，会在技法表达上花费大量时间和精力。他们渴望突破，但往往不切实际，其热情常被一些常规的项目给磨灭，产生现实与理想的落差感。专业设计师如果想时刻保持对设计创新的想法，就要学会做到收放自如，而不是一个单纯的设计工匠。而且在了解更多的情况下，反而产生更多的局限，对创新会产生不利的影响。

2.2.1 创新策略

身处“大众创业，万众创新”的时代场域中，“创新”已被提升至国家战略层面。对于设计师职业而言，创新能力是从业的看家本领。设计师的大部分活动都可以称之为“创新”，因为设计本身就是一种创造性解决问题的工作。但值得注意的是，并不是所有创新都能称之为“有效创新”，只有“有效创新”才是企业发展的真正“命脉”。很多企业因为成功的创新案例而轰动一时，但如果缺乏持续有效创新，企业也无法成功太久。这像是一辆油箱快要燃尽的汽车，看似跑得很快但随时都会停下来。娃哈哈创办于1987年，创始人宗庆后。2013年娃哈哈曾以783亿元销售额无比接近千亿目标，却没想到第一次也是最后一次。在2010年，娃哈哈创始人宗庆后曾豪言“再造一个娃哈哈”，争取3年内实现销售收入1000亿元。现在看来，这个“小目标”已渐行渐远。从2014年至2016年，娃哈哈连续3年业绩下滑。就连卖得最好的明星产品营养快线，销售都遭到腰斩。数据显示，在2014～2016三年间，明星产品“营养快线”的销售额分别为153.6亿元、115.4亿元、84.2亿元，几乎缩减一半。娃哈哈的模式是跟随市场学习，采用“后发制人”打法，很聪明很稳妥，但由于这种策略不是基于对消费趋势的判断，也不是基于对市场的创新，在市场刚培育时很有效率，可随着饮料市场进入“寒冬”和消费升级的背景下，消费者对健康的鲜果鲜榨饮品（如茶饮店）等更青睐，作为行业领头羊的娃哈哈，却无法站出来引领革新。

资深设计师通常能够把握创新的可行性和有效性，而不是天马行空地只提出不切实际的想法。同样的创意，成熟设计师能够更加系统地完善方案，使得“创新”既能够让市场所接受，又能够在成本可控之内，同时技术和加工工艺上又有较高的可行性。另外，资深设计师往往能够从问题入手，认清事物的本质。客户期望目标经常会和设计师期望达到的目标存在一定差异，因为客户请设计师为产品设计新方案的时候，通常不会期待设计师会从产品的可用性和功能性出发去解决问题，甚至客户本身也经常不会理解项目的关键，而资深设计师通常能够辨别关键性问题，系统性地深入理解并提供简明的解决方案，甚至把个人观念带入设计当中，并极力地“推销”自己的方案。

“互联网公厕”（图2-10）这个案例可以让我们领略一下资深设计师的创新策略。“互联网公厕”是上海泽宁环保科技有限公司研发多年的战略项目，该项目旨在为城市路人和景区游客提供便利的如厕服务，并将尿液和粪便分别转化为饮用级别的纯净水和肥料，整个公厕独立运作，不产生垃圾废料，不需要外接水源，在技术成熟之际，他们找到了ZZK设计团队帮助其项目设计落地。整个项目设计周期从调研到打样持续了一年之久。

客户期望以此项目进行融资，并推动公司进一步发展，对ZZK团队提出两点要求：①外观美观大气。②内饰符合人体工程学。ZZK并没有着急展开设计，而是和大家一起列举了诸多问题：产品以什

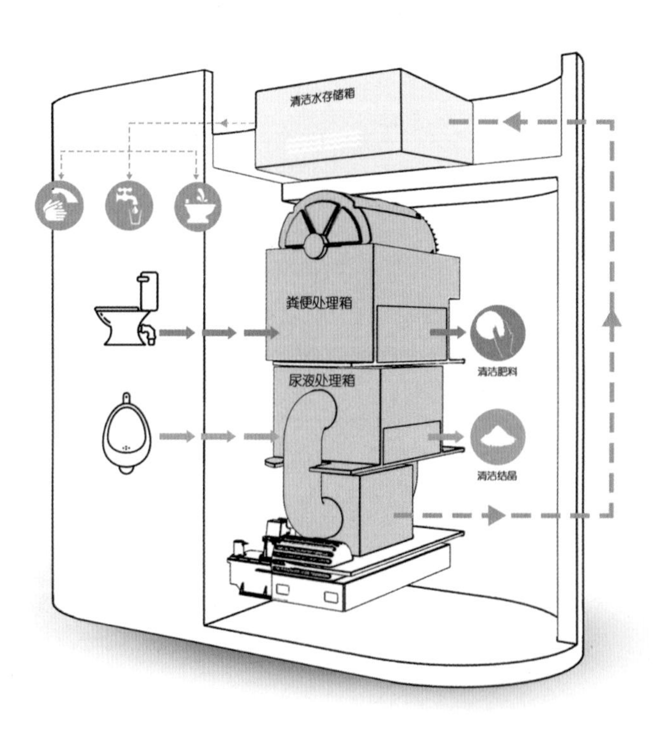

图2-10 互联网厕所技术路径

么渠道销售？使用场景有哪些？商业模式是否成立？并拉着客户和成员们一起讨论。随着调研和讨论的深入，团队对于互联网公厕的认知也逐渐趋于清晰：该产品由当地政府投入建设，可以投放在全国各城市街道以及景区，最大的优势是施工和维护成本低，缺点在于其结构紧凑，尺寸偏小，内部空间比较局促，对内饰设计的空间利用不足。当然，再小的空间放在城市中都是寸土寸金，密闭的空间蕴含着巨大的商业潜力——新零售和广告。这是一个双赢的项目：对政府来说，既能够加快推进智慧化城市建设，又能减少财政支出。

国内的公厕在外观样式上一般还是偏传统房屋型的，而互联网厕所（图2-11）更像是一个大型设备，这种“大型设备”放置在城市既不突兀，又能凸显城市特色。ZZK采用了模块化设计来解决这个问题，在设备的周围安装木质条形外立面，后期通过简单的拆装改变不同的设计造型风格，并且外立面能够同时作为植物生长的支撑架，最终让整个“设备”成为一个能够生长的“生态岛屿”。

除了外观和功能的设计规划，ZZK带领团队从商业模式上也带来了创新策略。比如内饰上引入了北欧天然苔藓作为功能性装饰，既能让使用者心情舒缓，又能在厕所空间中起到吸水防潮的作用，但更重要的是整面墙的苔藓也是一种广告展示，用户如果想在自己家中施工实现同样的效果，是可以扫描二维码直接对接销售渠道的。不仅是苔藓，内饰大部分用品，包括马桶、便池、水龙头、镜子、自动洗手液等都能找到销售源（图2-12）。

图2-11　互联网厕所效果图（设计者：李冰、徐浩伦）

图2-12 互联网厕所内饰效果（设计者：李冰、徐浩伦）

在整个互联网厕所开发过程中，团队遭遇了一个又一个的难题，技术思维和设计思维在解决问题的同时产生了碰撞，比如解决地面整洁问题，因为地面是一个半圆形加正方形组成的区域，为了能够扫除每一个角落，技术人员开发了难度系数极高的机械手臂，通过伸出折叠手臂刮干净半圆形和正方形区域，但成本偏高并且体积不好控制，而设计思维解决这个问题用了不同于常规的思路，半圆形可以用公厕专用的防滑毯，没必要打扫，这样机械刷仅需要清扫正方形即可，能够减少一半的体积，同时也提高了设备的可靠性，降低了成本。这些解决问题的思路都是通过创新策略引导而来。

关于创新策略，设计师最重要的应该是改变思维方式，创新方法能告诉你做什么，而思维方式才能引导你如何思考。正确的创新策略能帮助设计师突破常规，解决诸多优秀团队无法解决的难题，帮助团队突破定势思维，改变解决逻辑，这也是成熟设计师在职场的最重要的沉淀。

2.2.2 设计管理

当前，设计活动越来越多以组团的方式来进行。资深设计师既可以是项目组组长，又可以是产品经理，因此，在职业发展中一定会接触到设计管理。上一节主要从职场新手设计的角度讨论团队话题，这一节主要从资深设计师的角度来探讨设计中的管理如何进行。

所谓管理，就是带人的艺术。身为管理者，并不需要事必躬亲，但需要能够安排或指导成员做该做的事情，引导成员共同完成既定目标。资深设计师作为设计主管在带领团队的过程中，既要扮演“老师”角色，又要扮演“教练”角色。扮演“老师”的时候，要领“徒弟”入门，教会员工做什么，如何做；扮演“教练”的时候，要给予员工项目实践的机会，在项目实践中具体下达任务并指导完成工作，最终实现项目预期目标。思维方式的不同导致设计管理工作不同于其他工作的管理方式，设计管理者核心工作是提出问题，组织讨论并解决问题，在管理实施中应做到相互信任而非上下级的控制。有的资深设计师往往不以为然，认为设计管理就是分派任务完成方案，带着这种想法做管理，往往得到的是混乱不堪的团队与永远实现不了的目标。作为一门“行为艺术”，设计管理者的一举一动一言一行都会对团队造成影响，会做设计未必懂管理，优秀的设计管理者往往能够在落实方案的同时，打造出一支超强战斗力的设计队伍，团队成员目标一致，共同进步，彼此信任。

有意成为设计管理者的设计师可以从以下六个方面入手：

（1）明确项目目标与预期

定好目标，可以说工作完成了一半。目标是征途中的灯塔，设计管理者要明确设计目标，并将之传达给团队每一位成员，让所有成员理解并接受，推动大家共同前进。

（2）控制项目进展节奏

可以使用“甘特图”等管理工具（图2-13），在项目启动时先制定计划，尤其注意要控制好开发流程的节奏，比如设计前期的调研阶段，这需要花费一定时间完成，若时间不够使有的成员无法完全

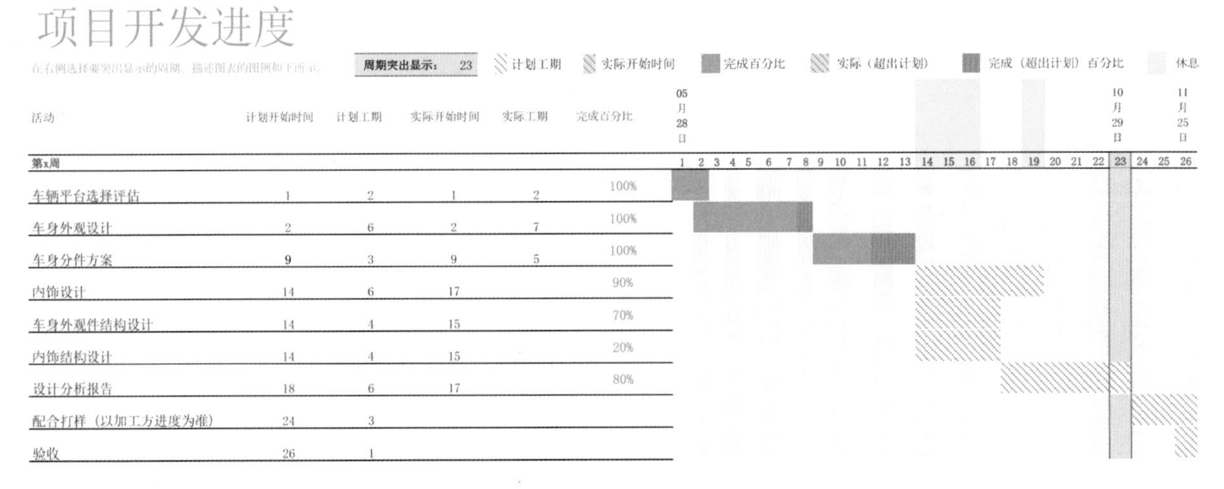

图2-13 某项目规划甘特图

消化设计资料，会导致后面进程中因信息不足，需重新花时间梳理前期资料。又如头脑风暴的时间与周期也要控制好，频率太高会让成员产生疲态，频率太低又让设计思考缺乏连续性。有经验的设计管理者则会按照项目需求与完成目标来合理安排各个阶段投入的人力与时间。

（3）要求具体化

有的管理者视成员为棋子，只会一味地下达命令，或者用成员难以理解的举动，如随手将图丢进项目群却不作任何解释。设计是一个需反复推敲的过程，管理者不能简单地丢命令，而要教会并督促成员具体如何执行，引导启发成员对自己的执行过程进行反思，并提出优化方案。

（4）打造学习型团队

设计主管作为最富有经验的资深设计师，要及时分享宝贵的经验和知识，在分享中对自己的知识框架进行梳理。另外，还可以定期组织内部学习交流会，有意识地提升团队专业水平。

（5）平等对待所有成员

设计主管要把自己视为团队“设计教练”，而不是领导者，要避免给成员传递出严格的上下级关系的氛围，要平等对待每一位成员，与大家建立情感连接。在和团队沟通时，通过细节可以体现出设计主管的平等意识，比如使用“花名”而非“某总”，会谈时采用轻松的坐姿等。

（6）说话的艺术

人人都喜欢被称赞，受到批评总会带来一定的挫折感。设计主管哪怕内心是希望员工能进步才去批评，但也要把握一定的度。称赞往往能给成员带来工作的动力，让其感受到自己的价值得到认可。当然不吝称赞不代表滥用称赞，恰到好处的赞美与批评体现的是说话的艺术。

“管理”和设计一样，也是一门学问。一名优秀的设计主管不是记住上面六条内容就能成就的，而是需要在长期的项目实践中，不断总结反省才能成长起来。每一次挑重担都是积累经验的过程，资深设计师要勇敢地去承担“管理”这门“艺术工作”。

2.2.3 验证实验

验证实验是在产品开发中低成本快速试错的一种方法，是从概念到打样之间非常重要的一个阶段。很多企业的决策没有经过测试，甚至由一小部分人或者公司总裁依靠主观判断来决定。缺少逻辑与测试的决策，会给商业化的项目带来巨大风险。白热化的市场竞争要求企业正式投入到市场的产品不能出现方向性错误，设计稍有疏忽，动辄几十万甚至上百万的模具费用都有可能付之东流，因此，成熟的设计师必须能帮助企业控制决策偏差和失误，产品在面市前采用多轮的验证环节，包括可行性、可用性等测试，通过这些验证实验避免风险。同时，通过快速的原型实验，从前期深入理解用户，并从原型中发现意想不到的问题并实时提出解决方案。

图2-14 骑客平衡车

赛格威（Segway）是一种电力驱动、具有自我平衡能力的个人用运输载具，是都市用交通工具的一种。2015年，小米、红杉资本、顺为基金和华山资本投资8000万美元的国内平衡车企业Ninebot（纳恩博）宣布完成对全球自平衡车开创者Segway的全资收购。

（1）概念验证案例：骑客平衡车产品的测试验证

2015年1月，美国拉斯维加斯举办了一场国际消费类电子产品展览会（International Consumer Electronics Show，简称CES），作为全球最大电子品类展览会，来自世界范围的行业翘楚都在互通有无寻找开拓市场的契机。骑客平衡车在展会一炮打响，以业界第一的产品成功撬动关注，上榜会展全球时尚产品排行榜。在展后，骑客平衡车（图2-14）成了一款名副其实的热销品，订单供不应求，甚至到了连订货都要排队的情形，而这其中的销量有超过一半来自海外。欧美明星纷纷秀出街拍，国内街头巷尾到处可见，平衡车一时间成为一种年轻人追逐的潮流坐骑。

随着平衡车市场的逐渐显形，热钱开始涌入，但资金并没有催熟行业，而是让这个行业变得畸形。国内代工厂遍地开花，在缺乏统一行业标准的行业环境里，这个新兴的平衡车市场引来了无数疯狂的跟进者，催生了无数的仿品与次品。这种“一拥而上”的情形让这个行业彻底进入了混乱期。标志性事件是在美国多起平衡车起火事故发生后，亚马逊用粗暴的“一刀切”方法论对所有国产平衡车格式化清除，这一系列事件不只殃及客户，甚至让整个中国平衡车产业陷入困境。订单骤减，企业方疲于应对专利纠纷，一方面，深圳的某些品牌的平衡车下探到千元以内，另一方面，小米收购“赛格威”之后推出的“九号”平衡车也给该企业造成了很大的压力。在这种情况下，如何进行产业升级，引领新一轮时尚潮流与创新方向成了设计团队首要目标。

最终设计团队为客户交付了令人满意的设计作品，但交付的作品并未包括一个当初大家都拍手称赞的创意——因未通过团队的长期测试。设计团队不仅围绕产品设计方案，还有部分成员把重点放在服务设计上：整合设计与技术，围绕产品与服务进行商业模式的创新。2015年“共享”的风气还未成气候，团队设计师敏锐地从骑客产品属性上嗅到了一丝共享商机：针对旅游场景下平衡车的体验商业模式，考虑到国内很多人都没有用过平衡车，可以在景区设置平衡车的共享站点，设置电子围栏，大家可以踩着平衡车在景区逛街游玩，同时平衡车可以为游客提供导游服务，发放商家优惠券，引导游客前往有充电桩的商家休息就餐。团队每个人在听到这个点子之后两眼放光，甚至为这个点子起名字：“城市慢游”。但很快，团队负责人从兴奋中冷静了下来：用户的接受度会是如何？产品的当前定位能否应付复杂的旅游场景需求？

为了验证这个概念，团队从客户那边借来了数台平衡车开始了长期测试，经过几个月的测试，实际的结果让团队所有成员感到沮丧，有使用平衡车经验的用户比例少得可怜，导致整体用户的学习成本非常高，而景区复杂的道路环境也让平衡车的使用面临着诸多风险，在当前技术下，除了增加保护套件来提高安全性之外似乎也没有更好的方法。最终团队不得不放弃了这个方案的深入，但此时的放弃也避免了企业的风险，从另一个角度来看也未必是件坏事。

团队负责人时隔多年仍对当初的决定耿耿于怀，从兴奋的欢呼到艰难的决定，仿佛经历了大起大落的如梦人生，尤其次年共享的春风吹遍神州大地，让当初的商业模式有了成形的借鉴。如果没有那场测试来验证决策，项目最终会何去何从呢？换作各位读者来做决策，又会做出什么样的选择呢？

（2）功能验证案例：救灾口罩

在火灾现场，最致命的不是火焰而是滚滚浓烟对呼吸道的灼伤，所以逃生的时候一定要先用水浸湿毛巾，利用湿毛巾保护呼吸道。但若是地铁或者公交车等一旦发生火灾，人们很难拿到湿毛巾救命，另外打湿毛巾这个动作本身也会浪费宝贵的救援时间。那么可不可以设计一种救灾口罩，平时是干燥的状态，发生火灾的时候人们能够第一时间把口罩打湿使用呢？这个概念就需要一种平时干燥稍微挤压就能出水的特殊材料来实现。设计师姚宇菁为了实现这个“液体口罩”的概念，带领团队展开了一系列功能验证实验（图2-15）。

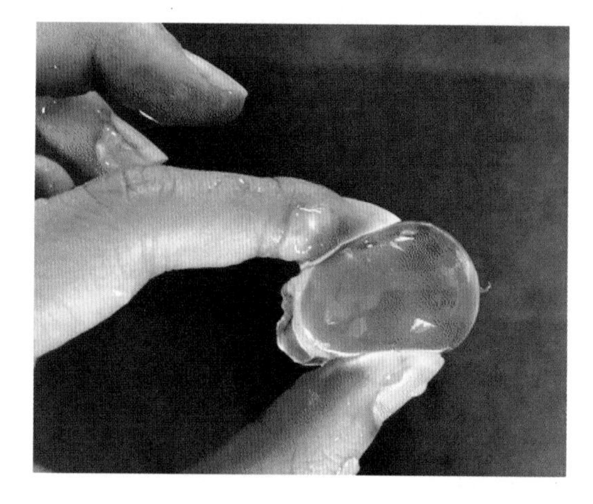

图2-15　团队制作出的蓄水球（设计者：姚宇菁）

首先需要一种类似水包一样的柔性水容器，当遇到外部压力时能够破裂释放水。通过调研得知，以Sodium Alginate（海藻酸钠）和Calcium Lactate（乳酸钙）两种材料配方可做出能容纳水的弹性薄膜容器，于是团队设想通过改变材料的配比，使其膜壁韧性变高，不易破，来满足水包平时稳固，用力挤压时破裂的特性。实验以Calcium Lactate为定量，改变Sodium Alginate的剂量，尝试做出水包。不同剂量下，水包的成形率和膜壁厚也不同，经过一周的实验，团队找到了一个合适的配方。水包可以承受从1米高度扔下而不破，但用手能轻易捏破。

接下来为了研究合适的材料做口罩内衬，她选取了20余种不同材料，包括纱布、无纺布、棉布等，通过实验数据的比较，选取纯棉水刺无纺布作为遇水蔓延速度和储水能力两者优秀的吸水材料（图2-16）。

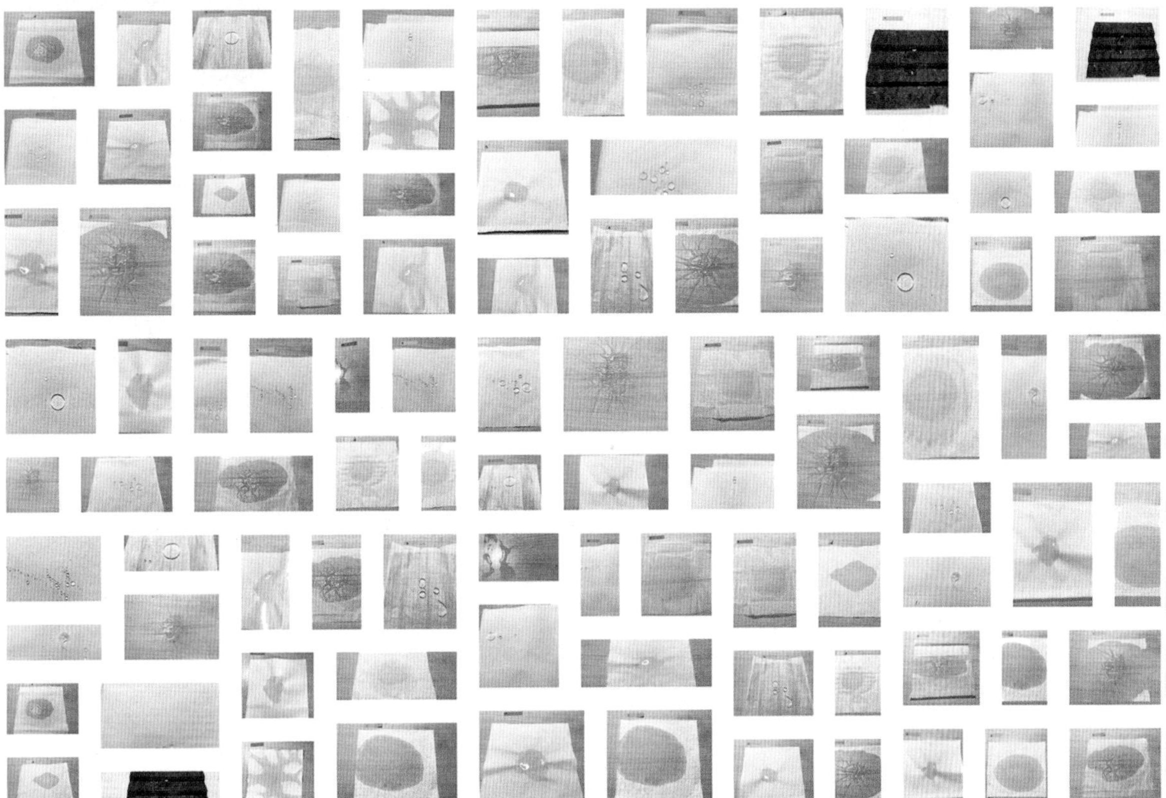

图2-16　吸水蓄水实验（设计者：姚宇菁）

正在庆祝大功即将告成之际，设计团队发现放置一周的水包收缩了，再过几天后水包完全干瘪。尝试制作两层包膜也还是失败，只能放弃这种方法制作水包。于是尝试选择塑料袋作为水包的替代材料。水包有两个要求，一是密封，二是按压挤破。塑料袋的密封可以使用封口机完成。而如何按压挤破是使用塑料袋的难点，因为目前市场上出现的塑料袋大部分坚韧，不容易撕破，所以需要找新的方式实现。采用2毫米封条封口机后，发现其封口可以在按压的情况下破裂。实验后，发现通过减少封口机的加热时间可以合理减弱封口的牢固性，使水包在受力作用下破裂。因此针对这个特性，设计师们在裁剪好的塑料袋上，做不同形式的封条，继续通过实验观察得出最符合要求的方案作为水包的材料。最后姚宇菁带领团队成功地制作出这款救灾口罩，最终呈现的结果就是一个简单的用手一压就会出水的产品。这背后凝结了上百次验证实验的心血。通过这些实验，让她的概念有了可行性，并能够快速制作出一批原型交给用户做进一步测试（图2-17、图2-18）。

图2-17　救灾口罩使用演示（设计者：姚宇菁）

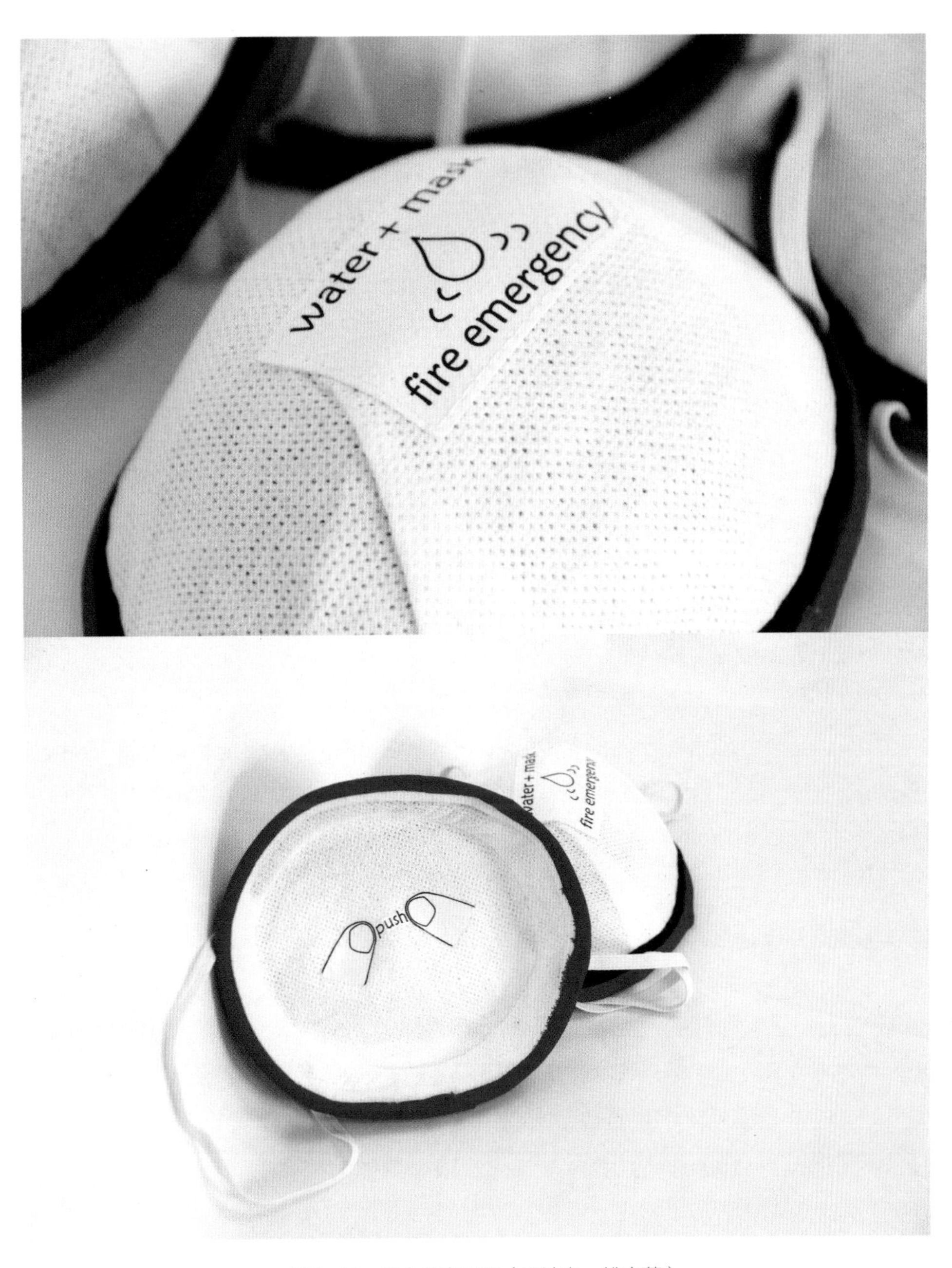

图2-18 充水救灾口罩（设计者：姚宇菁）

2.2.4 战略设计思维

企业需要新发现和新战略来持续商业的成功，优秀的设计师从项目运作上需要掌握全局，首先宏观上确认项目的可持续性，明确优势资源与资源整合，从技术推导场景或者从场景推导技术，优秀的成熟设计师不再是仅仅定位在产品设计的简单环节，而是成为一名企业战略研究者。

形式思维和产品思维是设计师必须具备的两种能力，也是解决大部分问题的基础，后面运营思维、品牌思维、商业思维则是战略设计的主要内容。在产品开发过程中，对于形式或者产品或者运营等内容并没有时间先后顺序，但基于战略设计思维在项目管理流程中做好节点质量把控，则是项目成功与否的关键。

对于个人或者组织而言，战略问题的本质就在于解决问题——定义机会并创造最优解决方案。从商业落地的角度上看，一家街边小店老板的战略设计思维能力并不会比一位工业设计师差，小店老板要考虑选址地段、投资回报、产品加工、产品定价、顾客维护、口碑乃至品牌等因素，每一个环节都要正常运作才能保证将产品卖给消费者并赚取利润。当店面的利润触顶达到天花板时，小店老板还要考虑是否要进行形式创新或者口味创新。

对于设计师来说，战略设计思维则意味着要有超越产品层面的系统性思维能力，整合形式思维、产品思维、运营思维、品牌思维以及商业思维，通过设计的创新方法以满足用户的需求并转化为顾客价值和市场机会。“商业空间”与“落地性”都需要有据可依，这个阶段的设计师已经不能再让自己的定位停留在“设计产品”上。尤其是在创业团队，通常一开始创业项目的产生是创始人的直觉结合简单的数据逻辑而成，对于社会因素、经济因素、市场因素、技术因素、成本因素、风险控制等不会有全面的考虑，尽管大家在团队中会各司其职：创始人拉投资、设计师出方案、工程师攻关技术、运营的人考虑运营等等。但整个项目不是由分散功能模块拼接完成的，资深设计师需要在商业领域运用和执行一些设计思维原则，此时团队中的资深设计师最好是创始人或者商业决策者的“合伙人”，这样能够将战略设计思维成为公司的DNA，这也是许多公司成就“伟大的事业”的前提条件。

2.2.5 设计师的社会关怀

人类文明历史上，解决问题是人类的天赋。70万年前的北京猿人就已经会通过制造石器工具，利用锐利的锋面砍树枝切兽皮。在规模化大生产与用户体验时代的背景下，设计问题随着全球技术的迅猛发展变得越来越复杂，设计师们需要重新定义思考问题的方式，从早期工业设计师雷蒙德罗维的“最漂亮的曲线是销售上升的曲线”到美国设计评论家维克多帕帕奈克“设计应该为广大人民服务”，设计的定位一直在争议中发展，“创造利润”已不再是唯一目标，责任感成了设计的前提。这种“责任感”并非仅仅指职业道德，还包含对民生、文化、环境以及产业的思考和判断。换言之，设计要和社会息息相关。

明峰64CT机是团队耗时最久的一个设计项目，客户的技术水平可以和国外高端医疗品牌比肩，且全球能生产同类产品的企业不超过9家。项目启动之前，客户表示在医疗领域，我们太需要自己的原创高端设计。每次参加国外展会，很明显地感受在于，我们与国外产品在技术上可能并无太大差距，但国外的设计就像是有“魔法”一样吸引着用户的眼光。我们的技术上刚突破国外的垄断，设计上却遭到了对方的碾压。民族品牌医疗器械的设计感多数还是停留在20世纪的水平。鉴于此，客户高层领导对产品的工业设计达成一致，对设计质量的重视也达到了一个前所未有的程度。年均1亿元的研发投入，进入设计环节后，将直接关系到企业的存亡乃至整个产业链的提升。从一开始设计团队便向客户阐明了设计的社会责任感和股东利益的一致性，通过整合功能、技术、用户体验与美学，并以合理的设计降低加工生产的成本，“具有美学气质的理性”的设计哲学，让双方愉快合作，并且提出了具体的设计方向。

审视和思考是设计的首要内容，如同价值观影响人的外在行为。团队希望赋予设计更多的内涵与责任感。“人们需要一台什么样的CT机？”团队在前期调研的同时不断地思索这个问题，最后发现问题在于“人们希望一辈子都用不到CT机”、“过度强调设计”并无益处。医疗器械的设计和普通产品设计是不一样的，普通产品需要极强的显示度，比如菲利普斯达克设计的外星人榨汁器，哪怕它并不实用，也要每时每刻喧嚣其存在感。医疗器械则恰恰相反，它的用户是非常特殊的人群，躺在病床上的人并不会关心设计师刻意强调的曲线和毫无意义的木质装饰，他们期待的是更好的医疗服务而已。因此设计团队开始重新审视设计方案，逐渐明确设计定位，好的设计绝不浮夸做作，它体现的是科技之真，是人性之善，是艺术之美。设计团队开始思考如何减少设计，去粗取精，化繁为简，最终认定方案一定要满足医生的使用体验，满足患者的服务需求，成为医生、患者的交流平台。如同大自然中的水和空气一样，默默无闻地为使用者服务，技术和设计被隐藏了起来，使服务成为患者切切实实的感受内容。最后的设计方案充分遵循了“美学气质的理性”这一设计原则，如CT机的侧面采用由上而下的贯穿“瀑布流”，除了探索性的体现家族设计DNA，功能上也能增强结构强度，并且降低装配的难度（图2-19～图2-21）。

Waterfall side
CT machines have adopted a waterfall-shaped design on both sides, the shape of the left and right to push out its sense of technology and design.

图2-19 明峰CT机方案侧面（设计者：徐海东）

ScintCare CT 64

ScintCare CT64 takes "Aesthetic temperament with rationality" as a design philosophy. Patient comfort and ease of use have been in the forefront during the design of the ScintCare CT64.

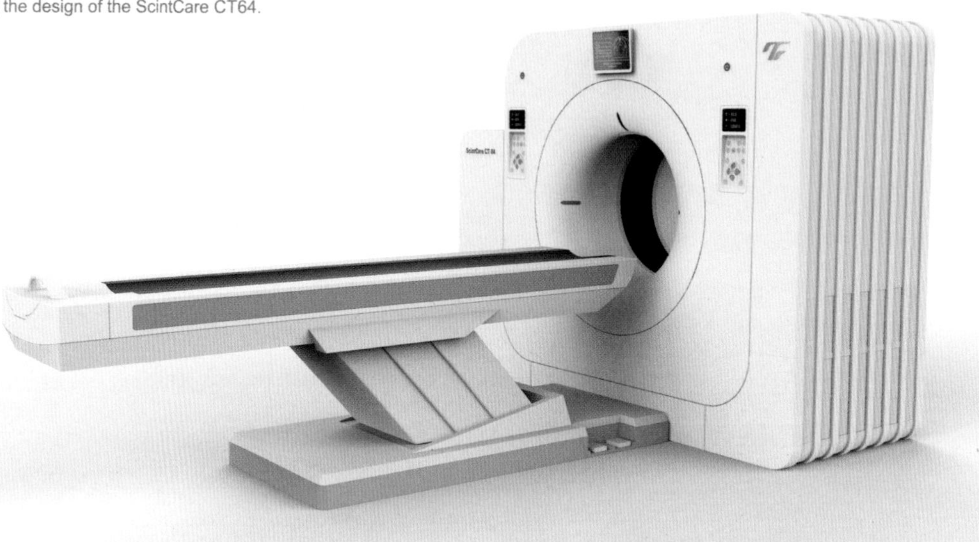

Consideration for patients

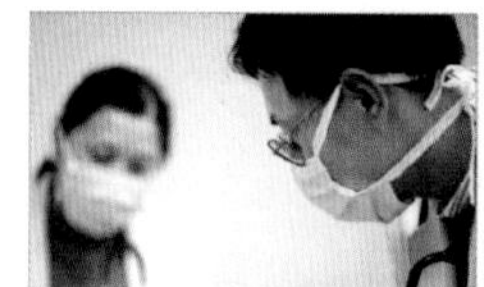

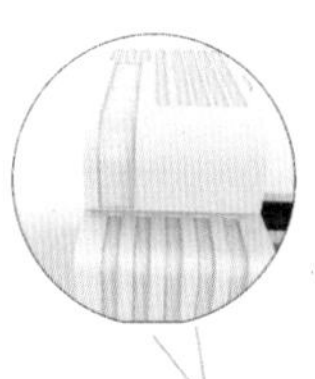

"More chimneys"for the heat removal system design. More chimneys improve the heat dissipation efficiency.

Soft white color is chosen as a main color, which brings patients peace and calm, and fewer attention to the machine itself.

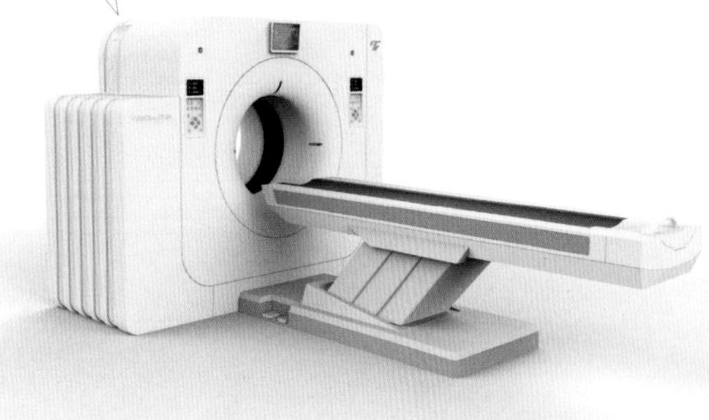

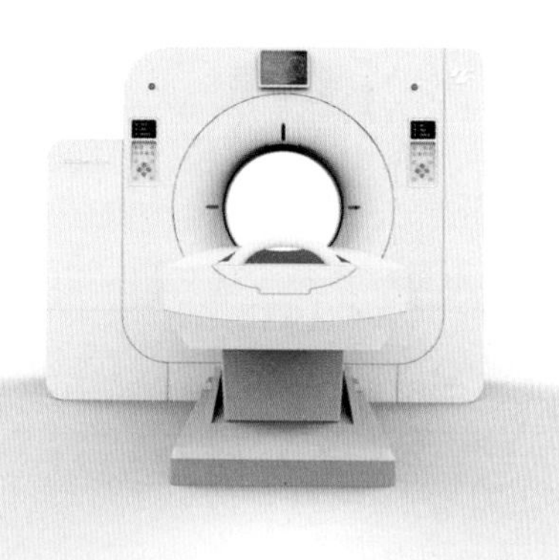

图2-20　明峰CT机设计方案（设计者：徐海东）

Low cost for maintenance
With the help of hydraulic pipes and integral front panel design, the front panel can be opened up easily. Easier maintenance reduces use cost, and patients will pay less for medical care.

图2-21　明峰CT机体验优化（设计者：徐海东）

有人认为设计就是做个好看的外观，这句话只对了一半。除了与视觉相关，我们享受的服务与体验，我们出行的安全与保障，我们相互之间的沟通与交流，我们与物的情感联系，甚至我们为之付出的成本，这些背后都有无数的设计师为之默默付出。在日本千叶大学，工业设计是属于工学部的设计学科，根据涉及的范围不同被分成设计管理、产品设计、设计心理、设计文化、人体工学、设计材料、环境设计等11个不同领域，这些不同领域培养出来的学生毕业后在社会上不同岗位发挥着各自的作用。我们可以认为：①设计是一门融合学科，要更加强调多学科交叉。②我们的设计教育依然任重道远。

最后，抛一个希望与大家一起探究的话题：如果我们一直生活在污染物笼罩的天空之下，过度依赖技术，世界变得没有人情味，在这样的未来，我们设计的目的是什么？设计应该为哪些人服务？设计能够为产业做出什么贡献？设计能为我们居住的地球做出哪些改变？我们一直以来对设计的理解总是缺少这方面的思考，我们对于设计技巧方面学习和强调的太多，对于和设计相关的生态、政治、经济、社会以及环境方面的知识又过分忽视。设计是和人紧密相连的，所有和人相关的呼吸、饮食、行走、休息、消费、感知等，都是互相依存紧密联系的。我们的目标就应该是重新为人们规划设计产品和环境之间的关系，使其达到平衡和统一。笔者也期望越来越多的学生能够从民生、产业和社会的角度去思考与理解，融合技术、商业、用户和艺术，为社会创造出更多优秀的设计作品。

Introduction to
Industrial Design

03

第 3 章　职场成长

第 3 章　职场成长

3.1　有组织的团队

目的：了解工业设计企业或公司设计工作流程

意义：奠定工业设计师的职业成长基础

课程定位：工业设计的重要基础与职业发展

重点：职场中团队的使命

难点：工业设计师职业

产品是企业的命脉所在。在竞争日益激烈的环境下，丰富多样的产品相继面世，在丰富我们生活环境的同时，引领着全新的经济形态、技术创新、文化认知。对任何一家企业来说，产品设计的重要性较以往更加突出。如何做好产品设计是摆在企业面前的一个重要课题。

从事教育工作七年来，印象最为深刻的是学生对“怎样做好产品设计”的困惑，在校生在课程设计和设计竞赛中苦苦追求答案。从教师角度，现有诸多课程显然无法给予学生满意的答案。跨出校园后，在职场中磨炼的毕业生同样也有这一困惑。事实上，好的产品设计有律可循，专业的设计公司或企业也都有自己一套完善而系统的产品设计流程。为更好回答“怎样做好产品设计”这一问题，本章从实际项目出发，分享产品设计的整个过程。

3.1.1　产品设计的成长之路——始于团队

对于产品设计公司而言，产品设计流程相当于公司的运行体系，不论是产品外观设计还是功能结构创新，抑或是从设计到生产的一系列服务体系、商业运营模式，设计师团队都有一套完整的流程。这一套流程保证了双方的利益和责任。因此，设计师团队在产品设计工作中的意义重大。具备符合时代、市场需求的思维方式是设计师做好产品设计创新的重要前提。

随着时间和经验的日积月累，业务与需求的逐渐成熟，设计团队的建立与管理变得格外重要。作为设计师不仅要精通设计本身，还需要停下脚步去思考团队的成长。从个人成长的角度来看，好的设计团队在完成业务工作的环境下，资源互补、发挥优势，能够更充分地提高协同能力，并创造出更开放的沟通环境，从而有利于营造设计师个人的成长空间。从公司或企业的角度，好的设计团队，能够赋予产品新生命，为公司或企业创造价值、提高收益、提升企业形象。可以说，在决定做一个好的产品设计之前，首先要明确你是否拥有或身处一个好的设计团队。

举个例子，当下很多人喜欢玩“王者荣耀”这个游戏，团队里需要有战士、法师、射手、刺客、辅助等各类英雄，每个角色都有鲜明的技能定位，只有充分发挥出各自优势，合理布局阵容，方能制胜。其实，设计团队也一样。每个角色都有他的优势，如，有的人具有较强的产品创新思维，有的人有敏锐的市场洞察能力，有的人具备缜密的数据分析能力，有的人擅长绘图，有的人专攻结构，有的人钻研技术，有的人乐于沟通。好的团队，应该是对的人做对的事，而不是让擅长于结构的人去分析数据，让精通技术的人去研究市场。

在校期间可以通过课程或赛事的安排建立团队、组织团队，让每位同学的才能发挥出来。职场中的我们，如何挖掘团队成员的亮点呢？一句话概括：“从项目中来，到项目中去。”每一件项目的展开都必须按照一定的流程，设计事务方能有序进行，每一位团队成员才能发挥自己所扮演角色的职能。清晰的设计流程是提供优质设计服务的基本保障。我们试图总结工业设计产品流程图，从团队组建到设计表达到最后的商业策划、用户反馈，井井有条地将设计的实现能力充分表达出来，从而提高设计工作效率，使设计在产品生产周期内按时完成，约束研发时间，与客户一起创造更加优质的产品（图3-1、图3-2）。

3.1.2 走进用户

在开展项目工作之前，首先要走进用户，深入了解客户的需求，这需要设计师作为一位倾听者，去聆听用户真实的声音。例如需要和客户交流从中获取“客户到底需要什么”的信息以及“到底为什么需要这些东西”，还包括客户想要实现的功能、客户的预算、产品的定位、后期宣传模式的展开等等。这也是产品设计所包含的商业价值与最终目标，设计团队有了这样的目标指向就不容易迷失方向。可能你会经常遇到这样的经历——客户描述想要某个功能、实现怎样的形象等，但这并不等同于这些

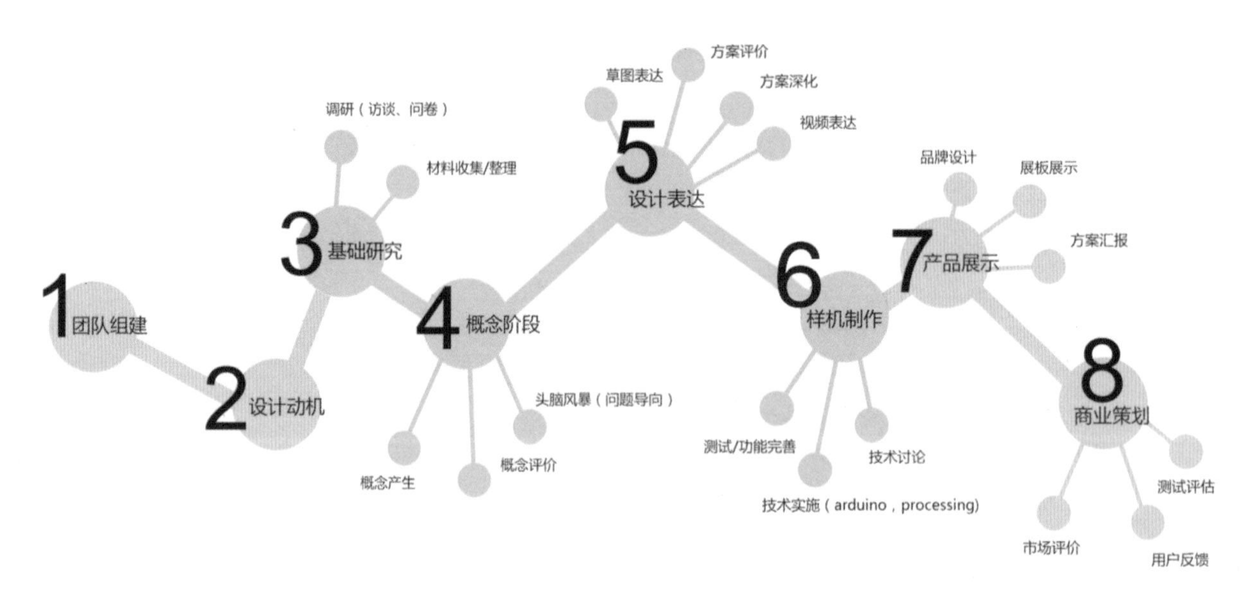

图3-1　产品设计一般工作流程

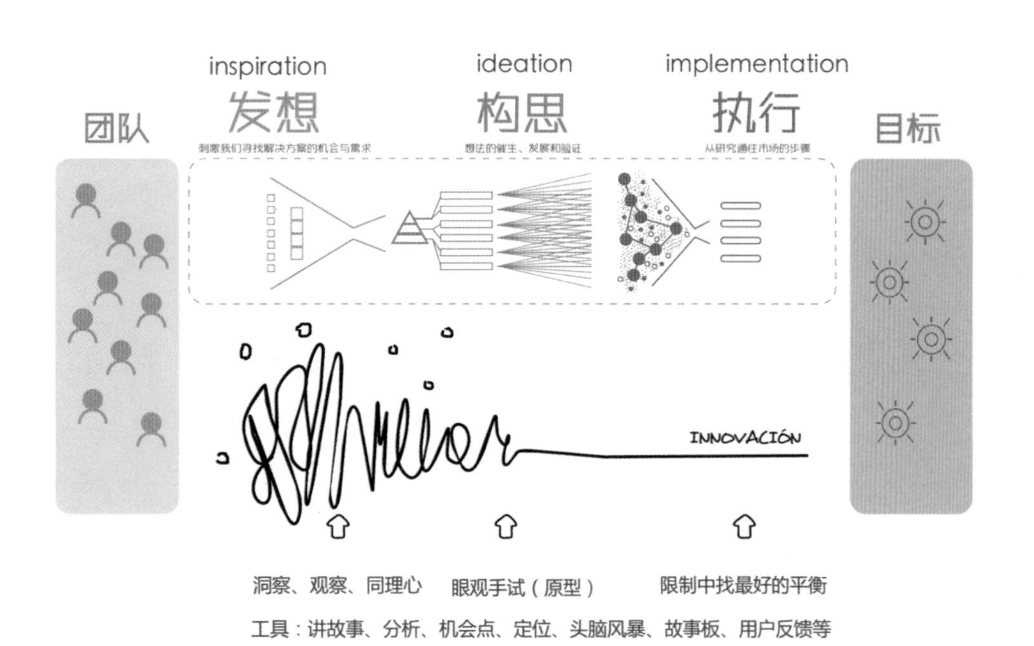

图3-2 产品创新设计流程

都是客户的真实需求。经典的福特T型车在最初进行用户调研的过程中，得到客户想要“一批更快的马”的期望。可见设计师在接触用户并展开具体用户调研的时候一定要注意还原问题本身，方能挖掘出产品设计的真正目标。同时，作为设计师，还必须具备直达问题本源的能力，想清楚“谁是我的用户”才是一切调研、创新、设计的前提。

当和客户确定设计目标之后，设计公司或企业的市场人员及设计人员将与客户进一步沟通了解设计的具体内容及此次设计工作所应实现的最终目标。根据客户提供的原始产品或产品功能模型，分析产品的功能实现原理，创造出新的产品状态；或者根据企业提供的资源信息与期望背景，展开新产品研发的创新设计过程，这往往是一次从无到有的设计挑战，它将经历创意产生、产品概念发展、测试反馈、营销策划、商业分析、实体开发、市场试销等一系列区别于一般产品设计的流程。

3.1.3 没有调查就没有发言权

了解客户需求之后，需要进行市场调研与设计调研。通过调研产品已有的市场情况，深挖消费者痛点，以确保设计的产品是消费者需要的，从而规划未来产品可能的样子。设计调研是设计工作开展中的必备步骤，也是设计师本身应该具备的一项重要能力。在调研过程中，工业设计师必须了解产品的销售状况、市场前景、所处生命周期的特征、产品竞争者的状况、用户对产品的使用情况与意见和销售方对产品的意见等等。“没有调查就没有发言权”，这正是设计师确立设计定位和开展设计创造的重要依据。设计调查一般会有以下几个步骤：确定调研任务、制定调研计划、确定调研框架、前期定量、定性、寻找物的技术因素、讨论分析调研结果（图3-3）。

图3-3 设计调研的一般流程

按照人们认识新事物从定性到定量反复升华的普遍规律，我们展开设计调研的过程也是定性定量优势互补、缺一不可、紧密联系的过程。所谓定性调研，可以理解成是偏感性的，以单个或数个样本为研究对象开展研究，注重了解用户、了解产品的过程，比如访谈法、问卷法、可用性测试、焦点小组法、观察法、启发法等方式，这就对调研人员的经验、素质和悟性的能力提出较高要求。定量调研，简单地说就是以数量为基础，是一种偏理性的调研手段，强调严谨、理性的证实某种现象与特征，最常见的就是问卷调查、A/B测试等，强调以数据分析、数据结构来说服人，从而不断提升产品。

设计调研的过程必须坚持感性与理性的和谐统一，才能发挥极致作用。对于设计师而言，需要我们具备理性客观地采集信息、处理数据的能力，同时，又能够真正地接触用户（目标人群），切实地理解用户，切身体会用户，然后“由表及里”，抵达产品本源（图3-4～图3-9）。

图3-4 设计调研的一般方法

图3-5 定量研究——问卷法

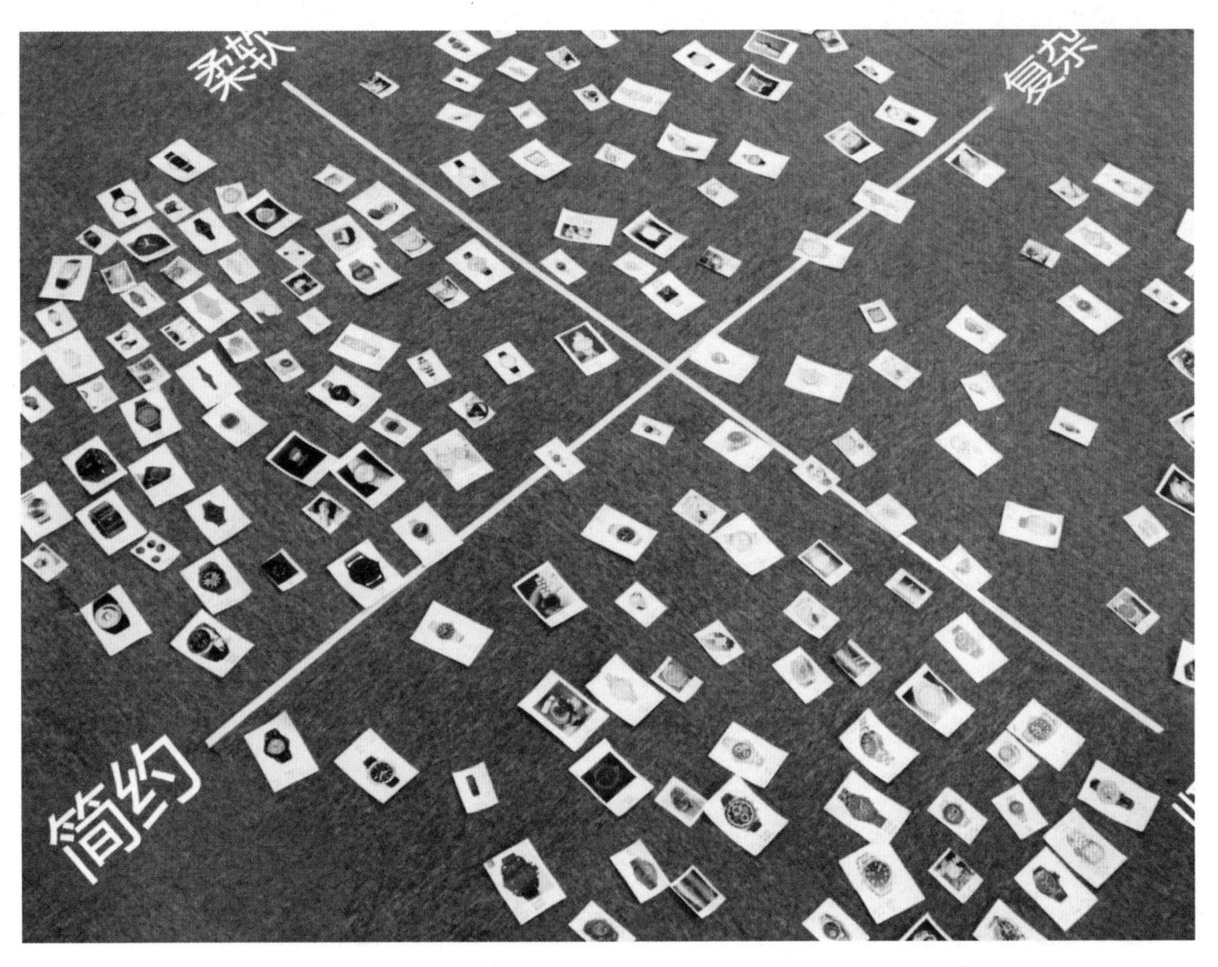

图3-6 定性研究——象限法/卡片分类法

图3-7 定性研究——实地观察法

图3-8 整理用户特征

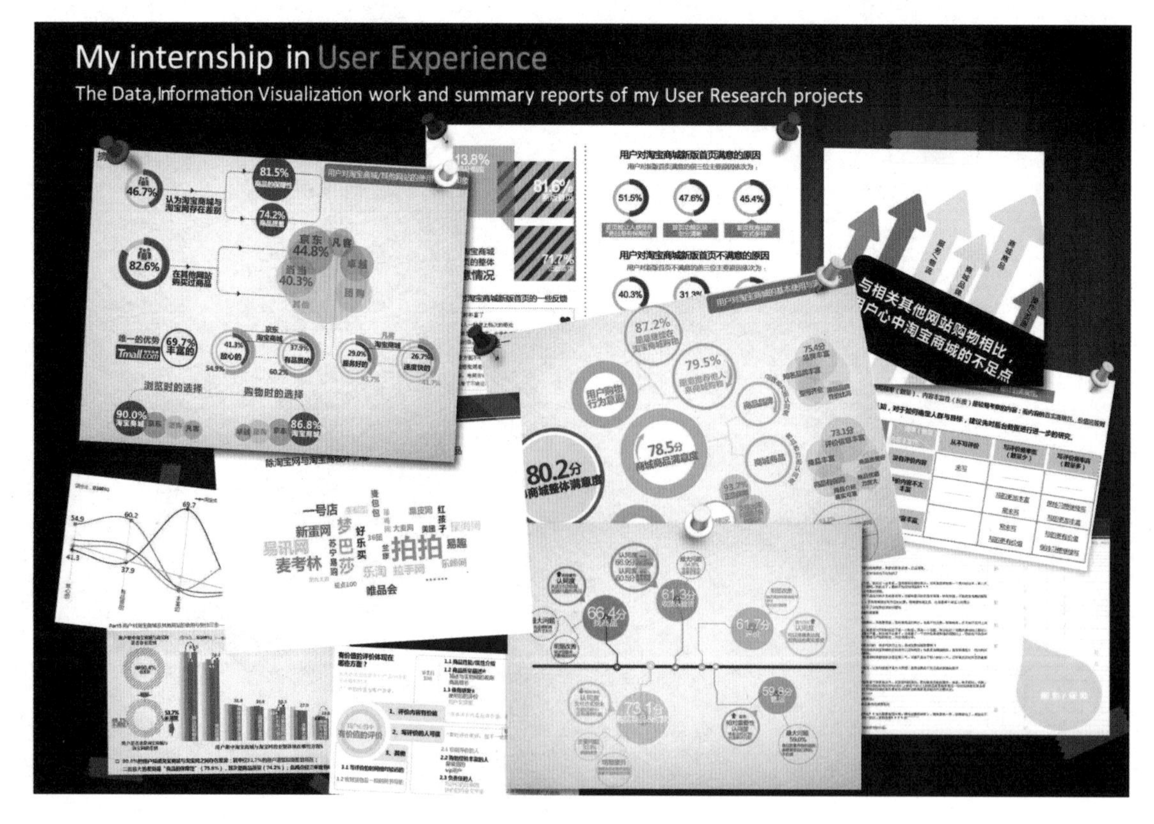

图3-9 数据分析——信息可视化

3.1.4 让风暴来得更猛烈些

在一系列问卷与访谈等方式的调研以及数据信息的收集与整理之后，设计工作将进入概念产出的阶段。设计灵感如何产生？除了凭借设计师自身的社会活动经验、观察行为与生活环境，思维导图和头脑风暴的方式可以帮助设计师获得丰富的设计灵感（图3-10）。

在开始产品设计之前，很多设计师团队都要用思维导图软件整理需求，或进行一场甚至几场头脑风暴，以便分析出哪些是核心需求，哪些是潜在需求，哪些功能是核心目标应及时完成，哪些功能可以放到以后的迭代过程中。

由于人的思考方式呈放射性发散，因此思维导图这种将人的大脑思考具体化的方式尤其适合设计师在概念发散时开展。头脑风暴虽然最早出现于医学用语，如今却被视为在各个领域进行无限制地自由联想和讨论，尤其适用于产品设计的概念产出阶段，目的在于产生新观念或激发创新设想。这个方法能在有限时间内快速激发设计师的创造力，为设计师提供更广阔更自由的思路与发达的创新思维。在这个阶段很多工业设计专业学生或者设计师朋友会质疑做思维导图和头脑风暴的必要性，在快速要求产品产出并商品化市场化的今天，大家会省略这一过程而直接进入设计执行的阶段。其实，它们是

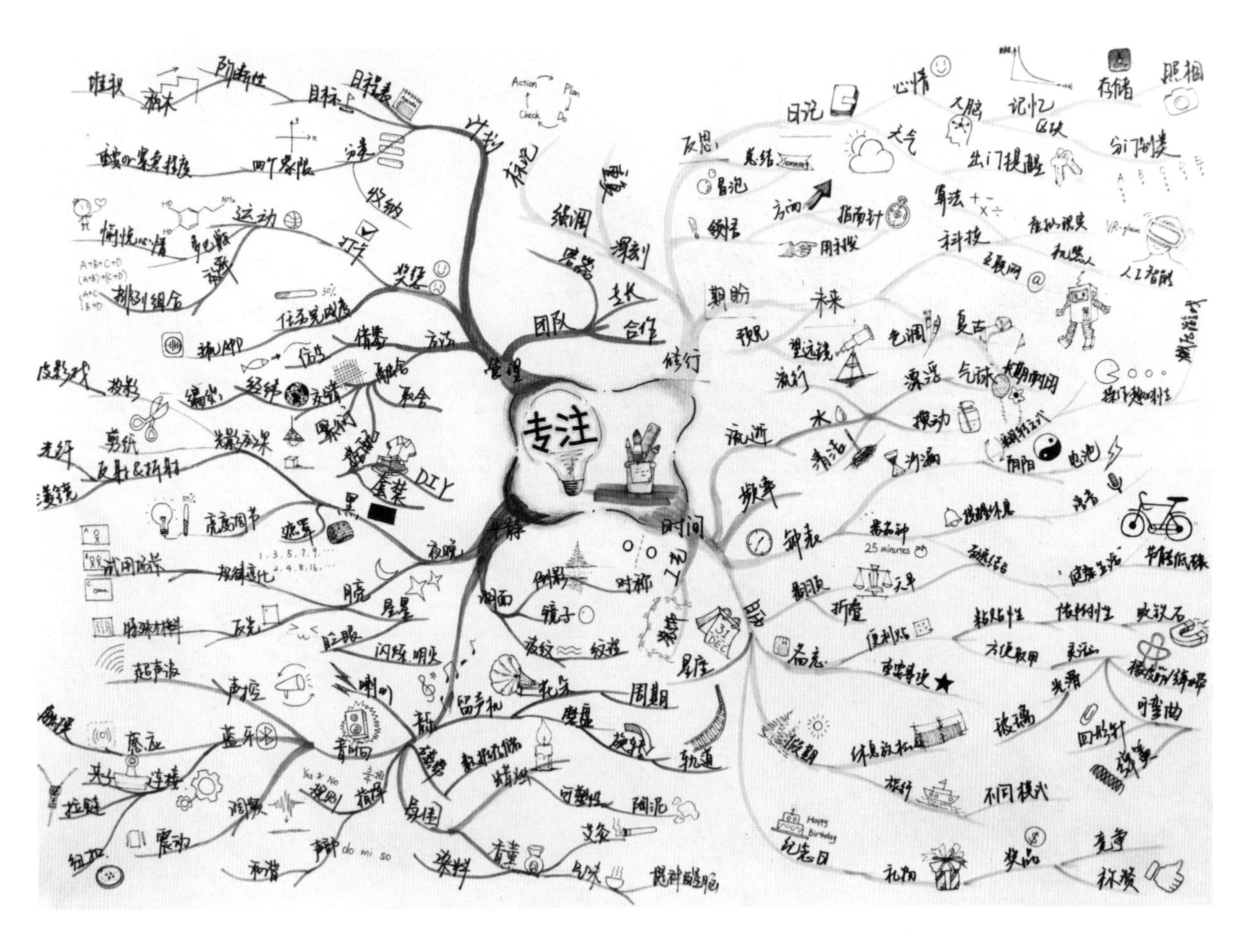

图3-10 概念产出——思维导图

图3-11　概念产出——头脑风暴

图3-12　概念产出——设计师集体讨论，收集有用信息

国外诸多成熟企业与公司在产品创新过程中非常普及的一种思考方式，现在，国内越来越多的公司也开始学习这一迸发灵感的方式，并发挥思维导图和头脑风暴带给团队的能量。

在收集完创意之后，接下来就需要整理归类，把相似的分类放在一起，并定义好分类的名字。在分类整理后，按照需求与可行性的维度来进行排布，邀请其他小组的成员来进行投票，留下比较有趣味性的创意。

思维导图和头脑风暴最大的作用就是大家在一起产生出高效有创意的思路，而且很多思路是在别人的想法激发下产生的，这便是思维导图和头脑风暴有趣又有意义的地方。对于设计师来说，头脑风暴等这些过程不单单是创意思维中的一个环节，更多体现了设计师思维的广度与深度，这也正是设计创意工作的重要源泉，是设计师身上最应该具备的素养和潜能（图3-11、图3-12）。

3.1.5 从图纸到产品

经过前期的调研与概念产出之后，设计师开始着手设计工作。设计环节最费时间、最耗精力，需要团队之间默契配合，不断地设计、改稿、优化，最终完成概念设计。概念设计稿经过不断筛选、层层审核后，最终完成定稿，而构思草图阶段的工作将决定产品设计70%的成本和产品设计的效果。因此，这一阶段是整个产品设计最为重要的阶段。通过思考形成创意，并加以快速地记录。

草图完善的过程，需要大量沟通与交流，方便及时调整改进设计细节，为下一过程节省时间成本。产品效果图将概念草图中模糊的设计结果确定化、精确化。这个阶段往往通过产品结构草图或产品线框结构图来完成。经过产品效果图的积累，设计师可以把产品的内部结构、产品的安装结构以及装配关系等较为精准地表达在图纸之上。其次团队中的设计师继续通过三维建模即用3D的语言来描述产品形态和结构，更为精确直观地构思出产品的结构，从而更具体地表达产品构思，提高产品设计质量。此外，如果对产品零件之间的装配关系需要明确是否合理，还需要绘制产品结构爆炸图，得以分析出各个部件之间的承载强度。最后，设计师与结构工程师将一起修改与调整结构设计中的问题，确定最终的结构图纸文件（图3-13、图3-14）。

产品结构确定之后才进入手板模型试装环节，通过1：1的形式制作一个完整的产品。一般来说，模型样机制作会通过CNC（数控加工中心）或RP（激光快速成型）完成结构样机制作，然后进行样机调试，将全部电路和各个零件装入样机模型，检验结构设计的合理性，体验设计产品的使用感受，对出现的问题进行最后的调整，降低模具开发的风险。产品结构工程师还需要参与产品项目立项可行性调研，参与系统方案设计，承担产品结构、零部件的详细设计以及样机的制作等相关技术支持。

图3-13 设计师讨论草图过程

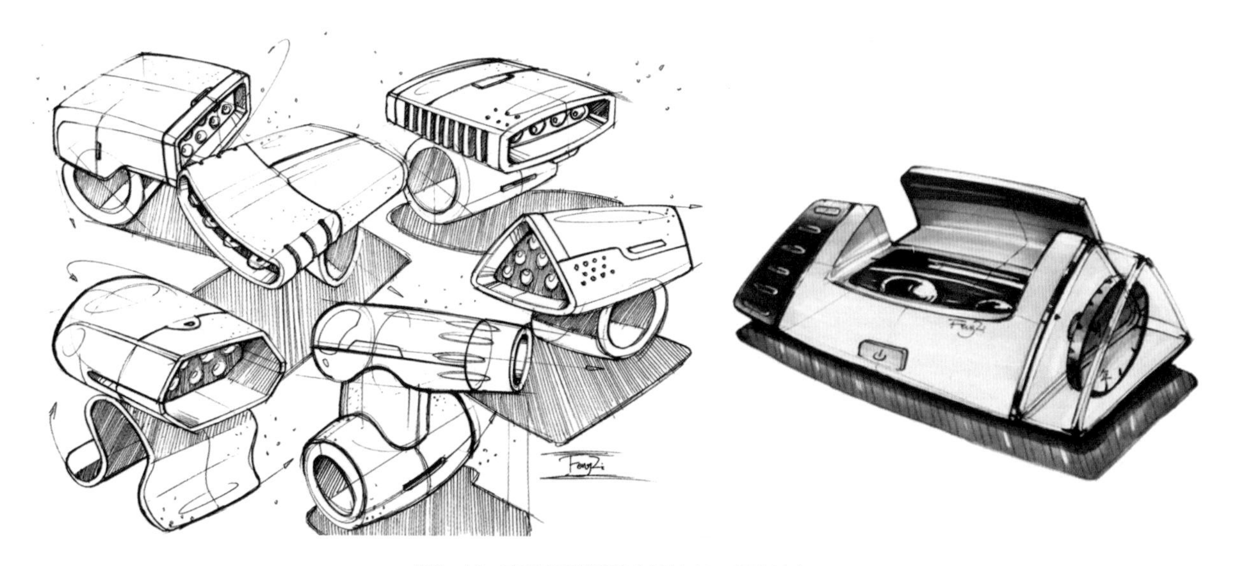

图3-14 产品手绘草图（设计者：薛伟峰）

3.1.6 产品诞生 勿忘初心

产品诞生之前，还要经过全面的评估（图3-15），以寻找产品的不足和不合理处并加以改善，这是最为关键的一步，决定着产品是否真正的完成，从中可以看出产品最终的生产效果。只有外观和功能验证通过，企业才可以开始进行认证及生产。

从概念初期直到产品真正诞生落地，是一个坎坷而复杂的过程。身处设计团队的设计师要明确自己的定位，在前期需求分析阶段，设计就应该开始介入，分析产品的规划，了解当地客户的实际需求，以此制定项目定位和产品设计目标。

如果你正处于设计团队之中，你将有机会提出一整套完整的设计策略与设计方法，清楚了解产品全产业链的研发流程。设计归根到底是一次次的创造行为，有的设计团队更注重设计的本质，乐于创新；有的设计团队则更侧重于商业化产出，要求加快设计周期，缩短设计成本。但不论在什么阶段，设计师本身都需要明确自身的优势、找到自己的位置，让团队、公司、客户清楚地了解你个人的角度，让设计本身成为你的“产品”，不断地塑造自己的价值，专注于做好每一件产品，真正解决客户需求。

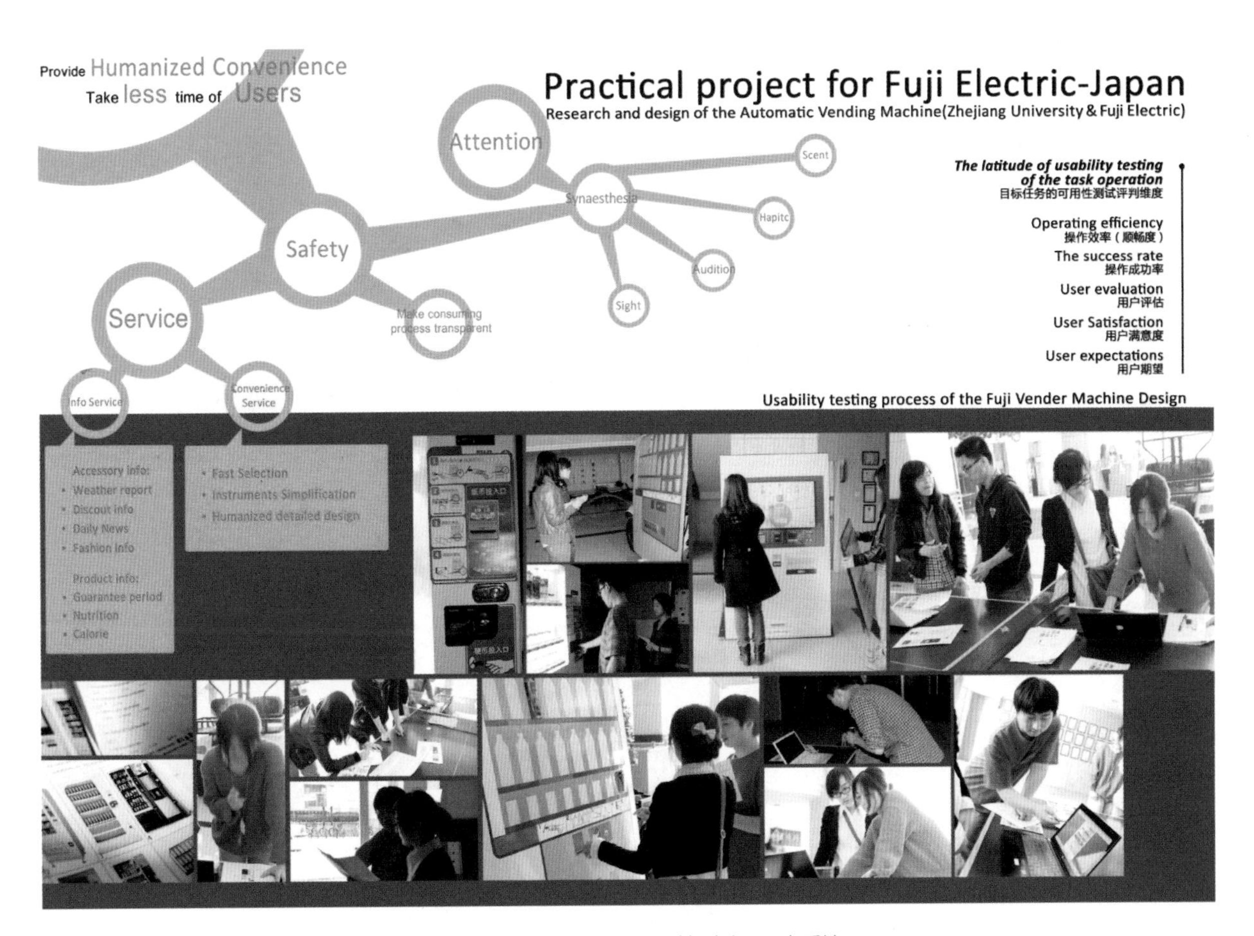

图3-15 产品评估——可用性测试、用户反馈

3.2 团队负责人、我是产品经理

目的：了解团队，了解产品经理的职能与定位

意义：明确团队角色与设计方向，发挥设计职责，展现设计能力

课程定位：工业设计职业发展

重点：产品经理的职业职能

难点：团队分工

创新是评价设计好坏的重要标准。创新来自于社会，也服务于社会。在高速发展的今天，要想做好创新的设计，首先要求设计师具备符合时代特征的感受能力、创造能力和专业能力。然而，一件完整的产品设计项目，往往不是由一个设计师独立完成，而是由一个默契的团队共同协作完成。设计团队为企业打造创新产品，这是市场制胜的重要法宝。对设计团队而言，具备一定的设计策略和创新思维是生存之道，设计团队首先应具备丰富的行业经验和技术积累，具备丰富的文化底蕴和较强的实践能力，既有坚实的学科技术基础，又具有较强的艺术创新能力，适应工业设计的时代潮流。

3.2.1 开放的产品、开放的产品经理人

对于企业（公司）来说，做产品的初衷是为了盈利，直接地说，核心是希望通过售卖产品赚钱。因此如何研发出一款畅销的产品正是企业最关心的问题，针对这个问题，就需要有一个人能全局思考并付诸行动。比如，产品研发到底能做什么；能给公司带来什么价值；公司现在发现了一个商机，产品研发团队是否能抓住；做出怎样的产品，才能符合市场需求，顺利地推向市场实现盈利。这个人，可能是公司管理层的一员。因为CEO是最关心“如何实现公司最多盈利”的人。另一方面，这个角色也可能是产品经理。因为产品经理岗位是产出源头，最终产出结果，与产品经理是最相关的。相比于管理层，产品经理要思考得更多。因为，一方面公司管理层需要关注的事情集中在市场、战略、财务、人员架构、对外关系等，并没有太多的精力，真正落实在某一条具体产品线的盈利上。即使真的能落实，管理者对于产品细节的了解、执行难度和成稿水平，也远不如一线执行产品来得有效。因此，从成本和效率层面考虑，产品经理更适合思考这个问题。比如产品方向出现失误，没有达到上级预期，产品可能需要重新执行、重复返工；上下阶段的合作由于没有统一认知，导致成稿出现分歧，合作过程不顺畅，产品可能需要逐级逐个解释；外部预期不一致，销售时客户不买账，产品可能需要再次审视。所以，产品经理是离产品本身最近的人。如果想多快好省地做好本职工作，就需要反复思考一些问题：我们的产品是干什么的？能给大家（合作方）带来什么？怎么能更好地推进合作流程，实现产品落地并盈利？这需要团队负责人进行整体化思考，从整个商业链条理解产

Smartisan OS 海外软件产品经理

岗位职责

- 负责 Smartisan OS 国际市场版产品设计
- 针对海外市场的需求情况，持续优化改善现有的应用和功能
- 跟进项目进度和周期，推动产品顺利上线

我们期望

- 具有某一海外区域的手机软件产品经验
- 熟悉 Android 和 iOS 交互设计规范
- 热爱数码产品，对用户体验感受敏锐，逻辑能力强，审美素养高
- 良好的沟通能力、优秀的学习能力、团队协作精神、高度的责任感和抗压能力
- 能够撰写高质量的需求文档、交互设计文档、并给予这些材料进行流利的表达

联系方式

jobs@smartisan.com

锤子科技期待您的加入

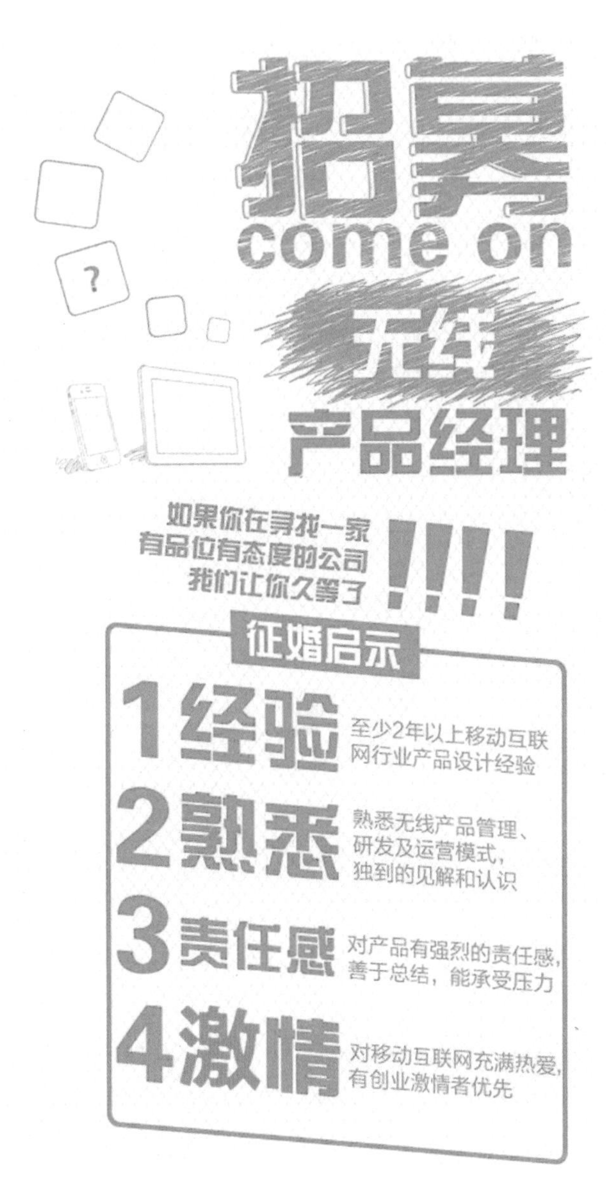

图3-16　互联网公司产品经理招聘海报

品研发工作，充分了解到上下游的设计细节，帮助产品经理及工作团队更好地把控产品，令设计方向不容易偏离总体目标。

一般来说，工业设计公司或企业的设计团队都有产品经理或团队负责人，特别是以互联网产品为核心的企业，对“产品经理”（图3-16）这个词最为熟悉，产品经理的职位工作在互联网行业运作中也最具有代表性。每一年毕业季开始校园招聘时，工业设计专业学生会大量涌向互联网企业，其中“产品经理”更是大家趋之若鹜想赶的“时髦”。某互联网公司在产品经理职位的校园招聘上曾经这样描述工作内容：

（1）负责数据产品交互设计、用户研究和分析、产品规划。

（2）可独立完成产品和竞品的调研工作，负责公司内外部拓展及对接工作，针对特性行业，结合客户的需求，能深度挖掘及分析行业特性，对产品需求、交互方式提出创新型的想法。

（3）推动产品设计、测试、开发等合作部门到产品落地。

可见“产品经理”需要具有较强的团队驱动及协作能力，对产品的前瞻性探索具备独到的眼识，善于规划前沿性事务，有良好的沟通协调能力和资源整合能力，能够紧密配合上下游团队人员促成产品实现。这样的能力在短时间内很难形成，需要较长时间的工作经历及丰富的成长积累。然而在进入设计领域之后，却经常听到从事互联网行业已久的朋友谈及他们的疑惑——到底需不需要产品经理？

随着互联网行业的高速发展与扩张，产品经理这一职位的本质也随之发生了一些变化，产品周期的快速迭代，团队成员的职能叠加等等诸多因素导致大家对产品经理的职责与工作要求产生了种种的困惑。这就不得不提及“产品经理”最本初的概念，起源于20世纪二三十年代宝洁第一次推出品牌香皂，由于这款品牌香皂销售业绩不佳，一位年轻人提出应该集中精力把产品设计、产品推广、市场销售等工作放在一件产品之上，而不是同时付出时间成本在多件产品身上，之后的成功与认可奠定了“产品经理”这一职位职责的最早雏形。由此可见，产品经理的角色越来越多的是为了适应公司适应企业发展的需求，为了产品的需要。

但无论是以工业设计为核心的企业或公司，还是互联网企业，不同阶段的产品经理对产品设计的理解是不同的，包括在公司权限的大小也都是不同的。初级产品经理往往注重的是产品的原型设计，高级产品经理往往注重的是对整个产品项目进度的合理推进把控。优秀的产品经理往往注重的是怎样让产品产生更大的商业价值。杰出的产品经理往往是站在老板的角度考虑公司的发展战略，商业嗅觉更加敏感，能够充分利用公司的资源，同事之间的协调更加游刃有余，设计出的产品更加具有情怀。所以说各类产品的认可程度与产品经理的工作都是密不可分的。

从全世界第一位产品经理再到当今各大行业领域都会出现的“产品经理”，或者是团队负责人，它终究是一个职位一个角色，如何更好地扮演它，归根结底，要看产品本身，只有深刻走进产品的根源，才能更透彻地了解并认识到产品经理的本质与意义。

关于产品的定义，在诸多的教科书中都有详尽的解释。简单地说，产品就是解决用户问题的方法，不管是广义的工业设计产品还是现在我们正在探讨的互联网产品，两者在解决问题的本质上并无异处。如今工业设计变得越来越宽泛，工业设计专业的学生多数都会接触到互联网产品课程或实战，交互设计或其他软件产品方向的学生可能对工业设计的了解没有那么深入。其实不论是工业设计，还是互联网产品设计，以用户为中心的设计模式和理念已经越来越流行，因此需要越来越重视产品思维、设计思维。如设计一款手机这样的实体产品，工业产品设计构思上需要考虑到手机的整体外观线条，在各种细节特征上要考虑到相关结构、色彩、材质、肌理，要融入用户对手机使用时的良好感受、人体工学等。而手机这样的载体恰恰承载了互联网产品设计思维与过程，比如用户与手机界面之间的交互关联、情感交流、操作体验，这就需要交互设计产生联系，包括目标用户研究、使用流程设计、技

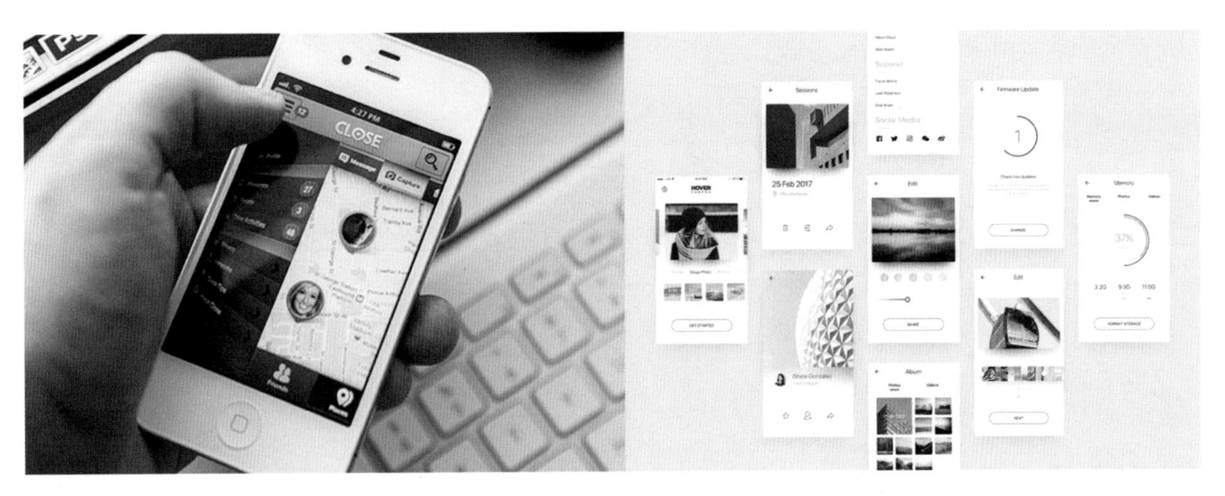

图3-17　实体产品与互联网产品

术反馈与结果，要考虑到产品传递出来的有用性、可用性以及愉悦的情感因素等。所以工业设计与互联网产品之间的关系既并联又从属。正如工业设计团队必须具备产品设计、市场分析、需求分析、结构设计、商业评估等各方面的素质能力，一些互联网产品设计团队的职能分工上有专门的“交互设计师”“视觉设计师”“架构设计师”“产品经理”等。可以说，互联网产品也是工业设计整体过程中需要考虑的一个环节（图3-17）。

如果说，产品是一个团队、一个企业的核心，那么，产品经理则是一个产品的灵魂、团队的核心。产品经理定义客户价值，全程把握客户需求，最终带领团队将项目落地。互联网时代的今天，以技术为中心已逐步向以产品为中心转化，产品经理需要适应公司的发展，规划产品的生命周期，负责产品的市场走向、定价策略、整合营销策略等。在这些产品运行的过程中，我们会发现产品经理的角色得以让团队更加重视用户本身，推动产品创新。

3.2.2　默契而开放的设计团队——找到自己的位置

一个优秀的产品经理不但能引导产品的发展，而且能引导公司的发展。做好产品经理并不是一件容易的事情，很多方面的素质培养是必不可少的。很多人都在向往产品经理或团队负责人这样的角色，甚至不少设计师、程序员等团队成员都有做产品经理的想法。大部分同学也比较关心，怎么找到合适的团队，怎样才能在团队中发挥自己最大的优势。其实这是个复杂的命题。正如从初级产品经理到成熟产品经理，是一个从感性到理性平衡的过程，站在产品的角度，是一个产品从需求到落地的过程，更清晰地看待这个角色，就应该切实地走进产品本源，从而达到做产品的目的与初衷。那么，以互联网产品设计流程作为设计项目分享，从完整的设计流程我们可以看到产品经理角色的职能与职责，也许会对团队工作、对产品经理角色更加明晰。

产品的研发流程总体来说分为四个步骤：产品定义—交互设计—开发—测试。这四个步骤大致来说，分别对应研发中的四个角色：产品经理—设计师—开发工程师—测试工程师。产品经理明确产品执行的目标与方向，协同整个团队与资源，产品定义阶段的目标就是确定用户场景，定义产品的功能和范围。而设计师需要根据这些用户场景和功能范围进行交互设计。之后开发工程师将会根据产品经理和设计师的方案进行写代码，把这个方案实现成可用的产品。最后由测试工程师进行产品测试，以保证产品达到了产品经理和设计师的这个要求。

3.2.3 产品实战之产品定义

从用户需求初步定义产品功能，明确产品目标是产品经理职能的重中之重。在这里谈论的主要是用户需求和产品需求。首先必须要搞清的是用户需求不等同于产品需求。用户需求简单来说是用户希望同构使用某一款产品来实现和满足某种需要。如安全、娱乐、交友，如何解决出行的需求，如何解决沟通的需求等，是用户对某类产品真实需要的反应。而产品需求，是某一类产品或服务能够满足用户需要的集合。也就是说，用户需求并不完全会传递到产品需求当中去，而产品需求的获取渠道也不仅仅是用户需求（图3-18）。

获取产品需求有以下几个方式：

（1）用户需求：用户需求是产品需求的核心来源。但并不是所有的用户需求都能转化为产品需求。用户需求的提取与挖掘的方式有很多形式，最有效方式是用户研究，这也是用户中心设计流程的第一步。其主要研究方式是：用户访谈、用户观察、问卷调研、焦点小组、眼动实验等等。并对由此得到的信息与数据进行处理和分析，从中提取制作出初步的用户需求文档。

图3-18 用户需求调研

（2）通过用户研究直接获取：用户研究阶段可能会出现各式各样的问卷及数据列表。这些数据的收集活动并不难，所需要付出的只是耐心和时间。为了更多更好地获取初步用户的需求，用户研究员需要在问卷调查的问卷设计、用户访谈、焦点小组等的脚本设计中，明确哪些问题或者选项是为需求而设置的，以便后续阶段的整理。

（3）在场景中运用人物角色进行挖掘：人物角色的来源、概念及功能。人物角色不是真实的人，但它是基于我们观察到的那些真实的人的行为和动机，并且在整个设计过程中代表真实的人，是基于用户行为数据的基础上形成的综合模型。也就是说人物角色源自于用户研究。研究人员通过用户研究，通过一定的标准将众多的用户进行细分，从而得到不同的细分用户群组，包括首要、次要、不重要的人物角色（高、中、低端用户）。通过建立人物角色，从而将用户研究结果以一种简单直观但又非常有效的方式使设计团队成员（决策人员、产品经理、交互设计师、视觉设计师）等对大家所面对的客户群形成一致的了解（图3-19）。

（4）相关利益合作伙伴：开发商、咨询机构、制造商等等。他们通过对市场的研究分析和对运营所积累的产品需求，是设计分析产品需求很好的参考。

（5）竞品分析：对竞争对手主要产品进行对标研究，主要为了分析其产品的成败关键和发展趋势，比较竞争对手之间的优劣势问题，了解市场对类似产品的反馈。

为了使产品更好，我们必须了解用户的空间、时间、地点发生了什么，以及我们的产品如何使他们的生活更美好，这就是故事板方法的用武之地。行内经常流行说，做产品就是要会讲故事，说的就是这个道理，因为故事是信息最强大的表达工具，它可以快速地可视化呈现。一图胜千言，图像更容易让人理解概念或想法，在较短的时间内，图像比词语表达更有说服力；因此交互设计中的故事板是一种可以直观地预测和探索用户体验的工具。它非常像一部讲述用户怎么使用你的产品的电影，这将

Persona 破壳日

需求背景：
GUGU是一个性格开朗，乐于交朋友的学生，与朋友之间都保持着良好的关系。常常会参加或组织生日聚会。
但是次数多了，时间久了，常常不知道下次聚会该怎么进行，千篇一律的生日是一件十分无聊的事情。
自己与周围的朋友基本都是这个情况，每次网上找策划十分麻烦也没有太多创意。

用户目标：
能通过一个平台简单便利地找到自己或是朋友喜欢的生日策划与活动。
最好能够看到别人所策划的一些活动，朋友间或是陌生人之间能够有互动的体验。

姓名：GUGU
年龄：20
职业：大学学生
专业：英语

项目目标：
通过使用我们的APP，让人们更便捷地过一个有意义的生日并且记录下生日的足迹，让同一天过生日的用户们分享快乐。

图3-19　产品需求之用户模型建立

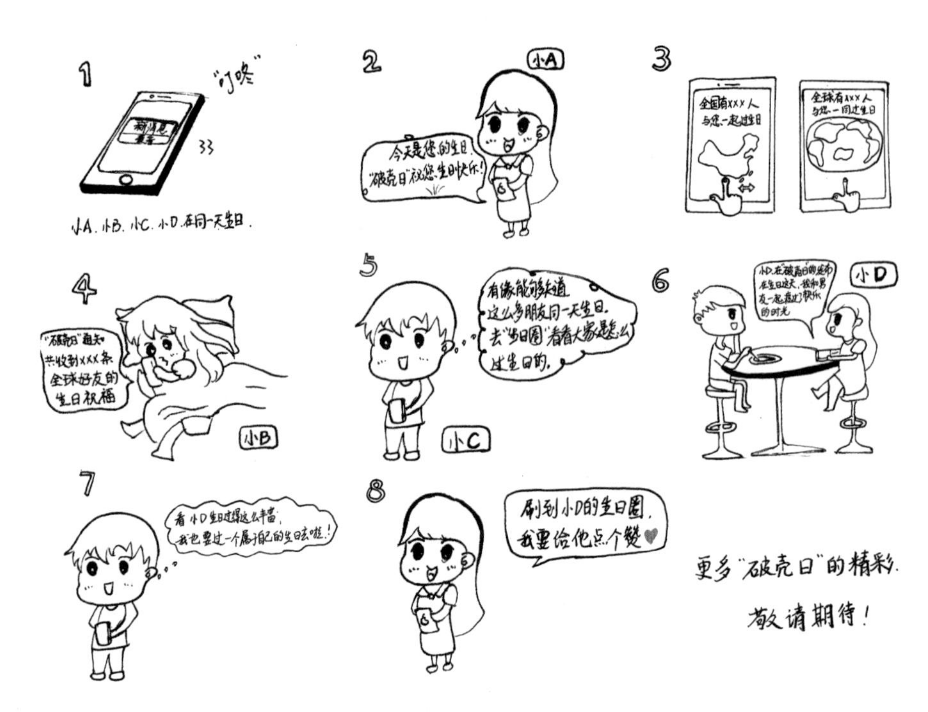

图3-20　产品需求之故事版

有助于你了解人们如何与产品交互，从而让你清楚地了解如何创建强大的用户体验。在整个交互设计过程，故事版的优点显而易见，故事板可以使解决方案贴近生活，从而设计师可以与用户感同身受，并看到他们看到的解决方案。故事板还可以帮助设计师了解现有情景，以及测试假设的潜在情景，是最贴近人、贴近用户的设计方法。为设计概念绘制角色扮演的脚本，让设计师以少量成本或无成本进行实验。然后快速迭代，尽可能接近真正的想法（图3-20）。

由此，用户需求提升为产品需求，由此得出产品功能需求列表。以上得出的用户需求，并不能直接转入产品需求，需要经过一定的评估和筛选考察其可行性和必要性。

3.2.4　产品实战之产品设计

（1）交互逻辑交互流程绘制

明确了产品需求与产品目标，还需要良好的信息架构。它使得我们在一个复杂的网站中容易找到所需内容，通过有效的导航也能快速找到内容。正如工业产品设计中在开始制作模型之前必须确定产品的结构细节，包括每一处细小的连接与零件等，才有可能搭建完美的产品。

组织产品的信息时如何使用户参与进来？理想的方式就是利用卡片分类法分类实验收集架构信息。过程就是把所有需要组织的分离元素写到卡片上，然后要求凭直觉把它们归到不同的组别中。正如许多改善网站的技能一样，让用户参与进来是很有帮助的。卡片分类就是这样一种技术，因为它的可靠性和有效性已经被使用了很多年。做完以上所有工作，就可以呈现出相应的流程逻辑关系（图3-21~图3-23）。

图3-21　产品逻辑信息分类

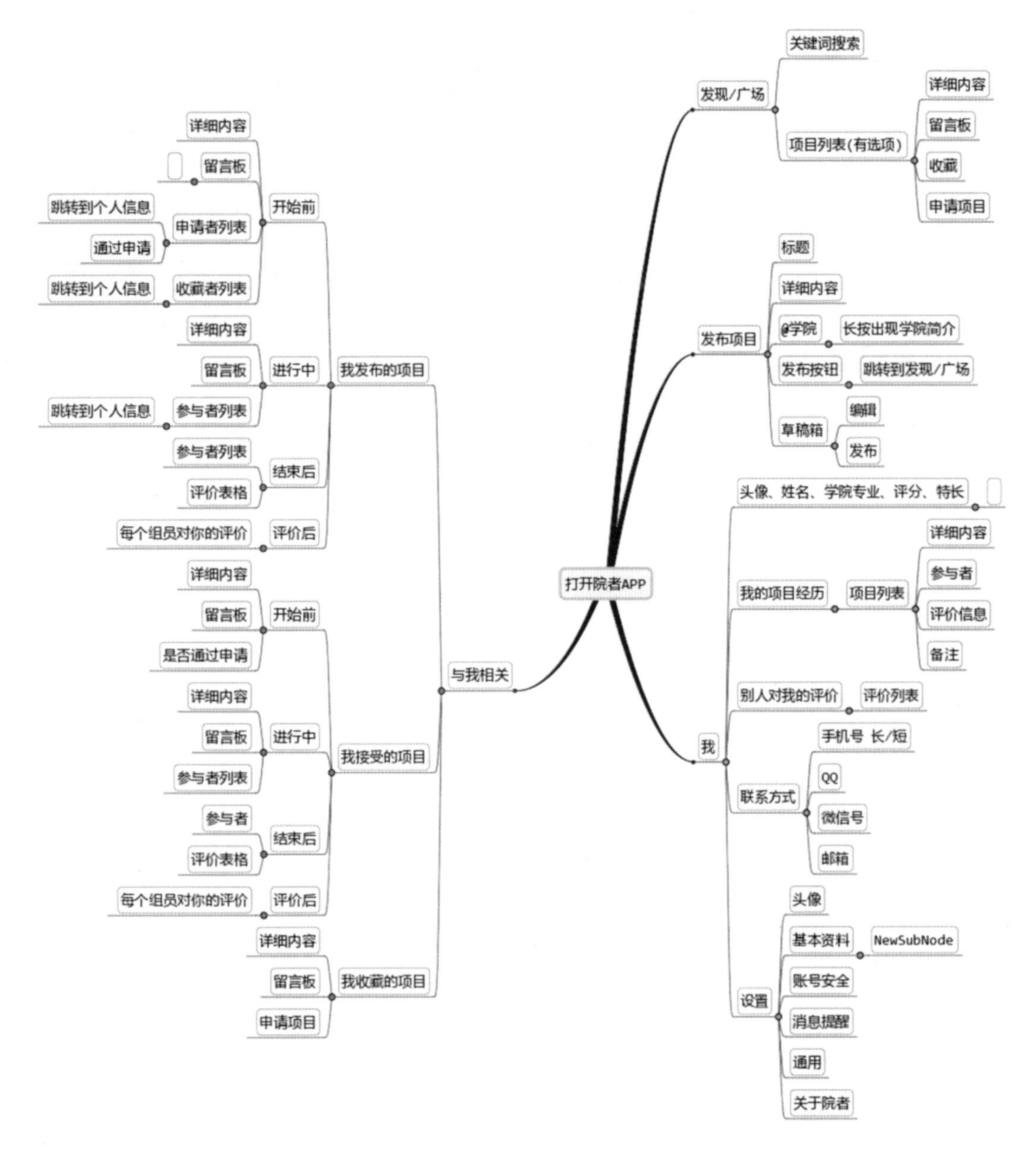

图3-22　产品流程图绘制（设计者：尚梦华、闻梦霞、廖文伟、朱宇峰）

图3-23 设计团队产品草图绘制

设计师最具挑战的地方在于将创意产生阶段得到的好创意从抽象变为现实，也就是怎么把想法塑造成真实的用户界面，这就需要用到草图。在很多需要创造力和架构的专业领域里，草图都会被经常用到。

即使是伟大的画家，在开始创作他的作品之前，也需要先把它们勾勒出来。即使拥有丰富的工作经验，也不可能在没有考虑任何细节的前提下，直接把脑子里的简化版创意塑造成真实的产品。因此，在真正开始画线框图之前勾勒出脑袋中的概念图，是每个设计师都必须做的工作。在之前的工业产品设计流程中也提到了画草图的意义，而作为用户体验师或者产品经理，我们更应当能够自如地与不同的职能团队进行协作完成复杂有效的产品，为了确保周期与质量的确定，在设计前期我们需要大量宽泛的草图积累。在这里值得注意的是，不要过早地把草图绘制得过于详尽美观，不要提前框定太多的设计细节，避免过早钻牛角尖的尴尬局面。因为从心理学角度来看，非正式的草图，会比看精心修饰过的内容更加容易激发观看者的灵感与启示，更容易提出建设性的意见，简单的纸和笔，就可以高效产出设计思路（图3-24）。

（2）交互原型图绘制

我们看到的相当规整的线框图，大部分已经是一个完整的产品架构图。但是在工作中可能只是信手拈来，草草地画上几笔，这些都没关系，草图强调的就是能快速地将想法具体化，然后和其他同事进行讨论。

图3-24 产品草图绘制——移动端交互界面设计（设计者：邬满静、翁馨璐、陈媛媛）

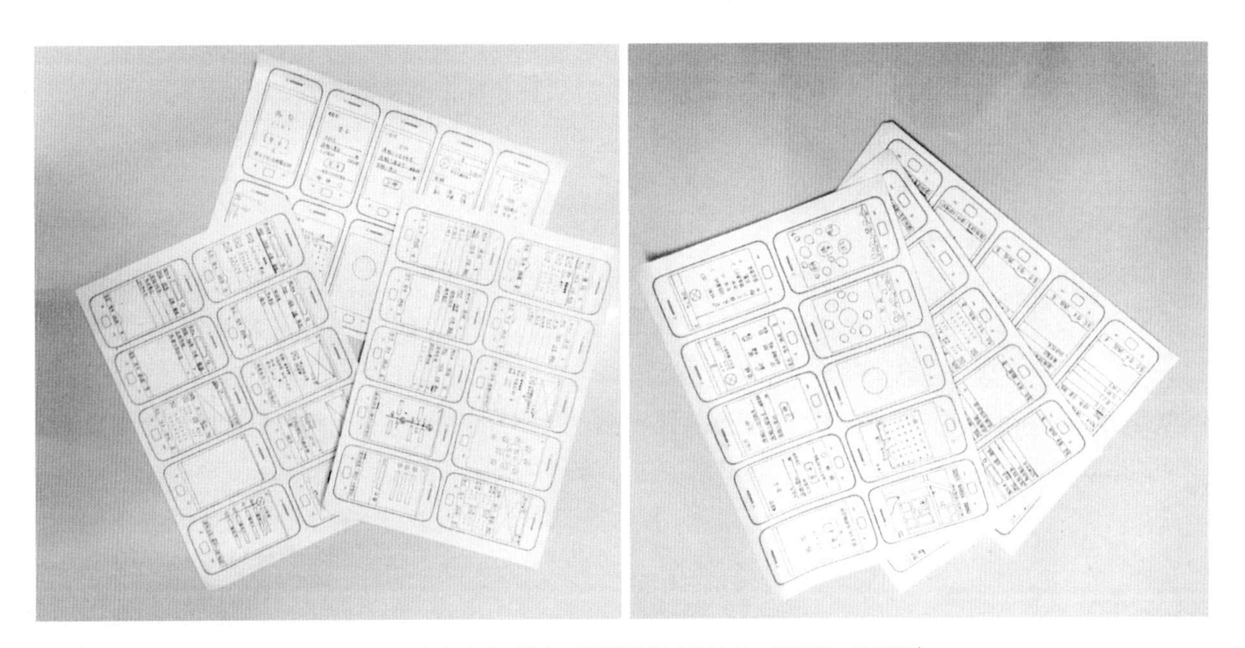

图3-25 低保真（手绘）原型图绘制（设计者：吴佳聪、姚仟仟）

低保真原型图就是在草图的基础上，通过计算机的帮助，由简单的线框和文字去绘制这个界面。当然，低保真原型不能只是简单的看，还要进行一些简单的交互操作。通俗来讲就是动态呈现，可以简单地进行体验一下这个设计，尽可能地发现一些问题（图3-25）。

高保真原型图(部分)

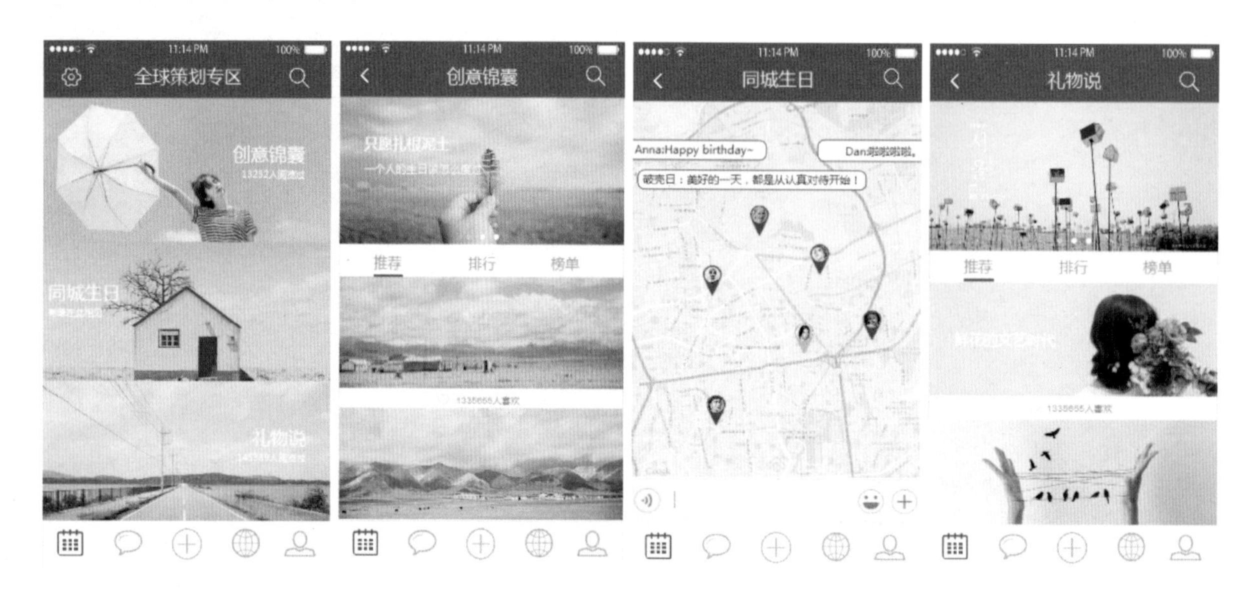

图3-26　高保真原型图绘制——移动端交互界面设计（设计者：邬满静、翁馨璐、陈媛媛）

高保真原型图是指在线框图的基础上进行视觉设计，再将视觉设计稿制作成可进行交互操作的原型。这个效果很可能和最后的产品相差无几，甚至可以在手机上进行模拟操作。高保真原型一般用于交付给开发与测试方。开发人员将按照高保真原型进行开发。测试人员将以高保真原型为基准，对开发人员交付的产品进行测试（图3-26）。

可以看到，在设计流程中，设计师首先要通过草图与产品经理以及其他同事进行讨论，以确定产品的设计方向，再做一个低保真原型来进行打磨设计，之后再制作高保真原型来交付给开发和测试人员。设计师的整个设计工作都是一个和其他角色进行沟通的过程。很多时候会有人疑问为什么一定要画原型图，其实就好比工业产品设计之所以要画草图、效果图的重要性，画原型最大的目的是为了减少后期修改成本，用一个低成本的原型去体验、去讨论、去修改，尽量避免开发好了再去修改。另外，一个可交互的原型更方便和其他人进行沟通和讨论，所谓一图胜千文。需要强调的是，原型只不过是一个设计工具，设计的思想才是真正的核心所在。所以，在学好工具的基础上，应该多花时间在设计思路的学习上。

（3）可用性测试

在产品设计研发的过程中，在设计原型图的基础上，我们会让有代表性的用户完成产品的典型任务，通过观察、聆听、记录，发现产品存在的可用性问题，收集定性和定量的数据，并评估产品的使用满意度，这就是可用性测试阶段。这个方法可以帮助我们了解参与者能否顺利完成特定任务，完成特定任务所需要花费的时间，了解参与者对产品的满意度，最终找到为改善用户表现和满意度所需的改进之处（图3-27）。

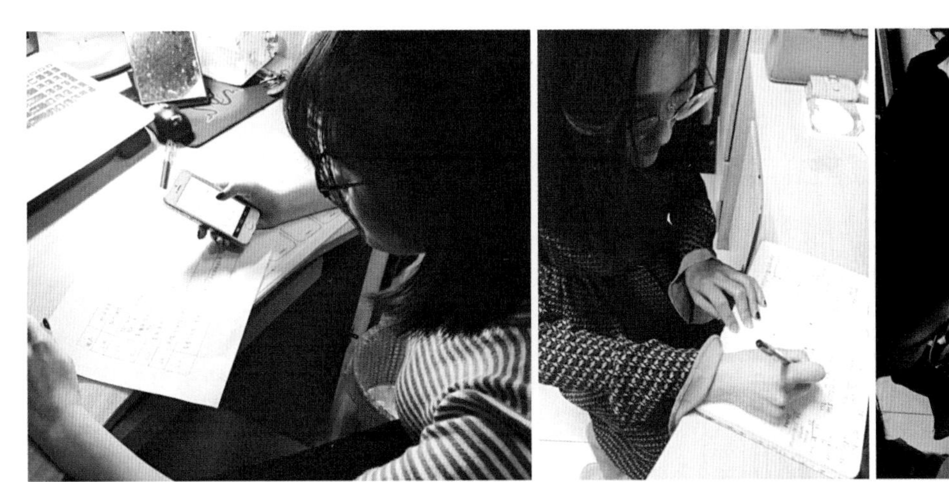

图3-27　可用性测试

完成了用户可用性测试的过程，设计师需要把记录的数据进行整理，包括完成任务的情况、问题出现的界面、完成时间、用户的反馈、用户的评分。

3.2.5　做自己的“产品经理”

产品的落地是新需求新变更不断产生的过程，需要团队及时处理，为技术人员第一时间管理好产品文档和需求，而不要等到开发快结束的时候再提需求变更。在进入产品测试并验收阶段，要注意前期产品的立意、市场分析、需求等都需产品团队与研发团队主要参与。进入研发阶段后，根据产品的实际情况一般会在合适的时候让其他相关团队成员了解产品，让团队成员尽可能了解和熟知产品特性与调性。

从整个过程看，虽然这只是产品开发设计的其中一个阶段，但是产品经理要考虑的不仅仅是真实的产品出来后的情况，还需要考虑如何方便协调各方团队在内外进行职能定位，特别是在产品早期获取用户反馈，所有的这些工作都需要产品经理来协调和管理以及分配。产品经理把握大局，做到眼界的提升、思想的开拓、交流能力的协调统一，而不能局限在画图上。首先，产品经理本身作为一名设计师就应该具有强烈敏锐的创新感受能力，能够不断从设计的角度创造和突破，这也是设计创造的基础。其次，产品经理应该突破固有的思维模式，从思维方法上培养成创新的习惯，并将其贯彻到设计实践中。最后，还需具备扎实的专业设计能力。只有这样设计师才能够实现设计观念，完成设计过程的操作，并能客观地与上下游同事及时交流沟通，高效完成工作。作为产品经理，还需要对公司或企业负责，要具备对市场的预测和超前意识，随时关注市场上的需求及变化，并要有对其进行调查、研究和科学预测的能力。

在未来，产品经理一定会更加重要，也更趋向是行业产品经理，即对行业有非常深刻认识和了解的产品经理，比如做互联网+农业，需要对互联网尤其是农业行业具备非常专业的认识。产品经理做设计的时候，考虑问题要广、要细、要全面，更要结合实际情况，从而不断优化用户体验，延长产品生命周期。

一个成功的产品设计，其背后总会有一个强大的设计团队；一个好的设计团队应该具有优秀的理念、优秀的设计人员、良好的沟通机制，以及对产品深刻的理解。而团队负责人作为团队的核心，应具备较强的观察能力、协调能力和思维能力等，这是成功设计师所必备的素质。尽管不是所有人都能以产品经理为业，也不是所有人都视它为职业目标，但我们始终可以将自己作为“产品”，始终在不断创新甚至完全更新的“产品”。在这个“产品设计”的道路上，你会发现，不管是设计团队负责人，还是产品经理这一职业角色，其实他们都是一类人：能够督促彼此在设计的职业生涯中更好成长的人，或者说他们是一种方向：能够指引自己做出更好的产品的方向。

3.3 时代的悟性

目的：了解工业设计未来发展趋势

意义：明确定位，明确工业设计学习方向

课程定位：工业设计发展

重点：对工业设计专业与未来发展方向的把握

难点：设计的趋势与机遇

当今世界，设计已经成为连接艺术和技术的“交叉领域”，对社会、科技、生产、生活方式产生了积极深刻的影响。随着设计的不断发展，工业设计专业随之进入到一个引人注目的时代。现代科技的发展、知识社会的到来、创新形态的嬗变，工业设计由专业设计师的工作向更广泛的用户参与演变，以用户体验为核心的工业设计的创新2.0模式正在逐步形成。设计不再是专业设计师的专利，用户参与、以用户为中心成了设计的关键词。Fab Lab、Living Lab等国际上的创新设计模式的探索体现了未来设计的“创新2.0”趋势，跨平台设计的能力变得越来越重要，互联网、移动通信和智能产品的普及，人们生活方式的多样化，需求的细分化，都为工业设计的繁荣增添了有利条件。

3.3.1 飞速的时代

有很长一段时间，“中国制造”是廉价的代名词。随着工业4.0新常态的到来，“中国制造”开始向“中国智造”发展，其中最为明显的转变，就是在设计行业上的转变，尤其是涉及行业方面最广的工业设计，其转型甚至影响到中国的整个创业生态圈。

在工业设计行业，所谓转型，就是要改变过去那种单纯依靠能源资源要素投入的粗放型增长方式，转变为积极培育发展新动能。工业设计综合运用科技成果和工学、美学、心理学、经济学等知识，不仅对产品功能、结构、形态及包装等整合，同时对产品商业模式等重新进行创新思维的再设计。中国工业设计开始逐渐受到了国际的广泛关注。2006年，美国商业周刊首度评选“全球60所最佳设计学院”，北京、上海、湖南、香港等地的多所设计学院榜上有名。国际工业设计竞赛创办至今，中国学生在红点、IF、IDEA等知名国际大赛上也屡创佳绩。

在全新的经济结构、技术发展和产业环境下，工业设计面临着全新的机遇与挑战。进入21世纪以来，中国由世界上最大的制造国转变为最大的消费国。在技术和时代的双重驱动下，以用户体验为核心的工业设计的智能化、软硬件结合的势头十分迅猛。智能互联的产品把个人、家庭、交通、公共服务四大生活模块串联起来。在个人产品领域，中国的传统硬件企业和新兴科技企业共同蓄力，开发

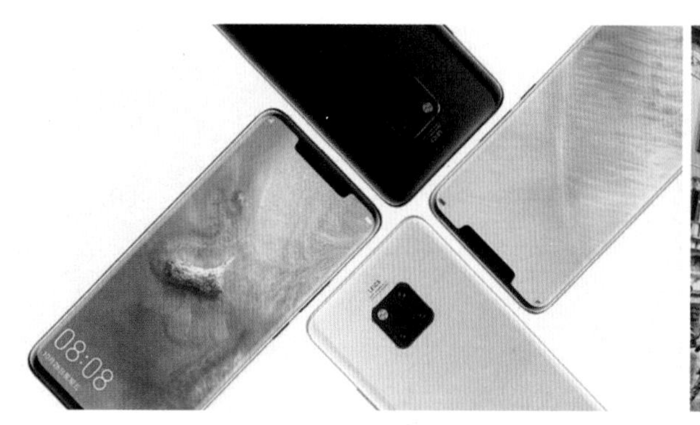

图3-28 华为手机

有关监测、追踪、体感的可穿戴设备，着眼日常生活和娱乐体验。在家庭产品领域，一些行业领导品牌更加重视产品的技术感和设计质感，向国外顶尖的时尚和品位看齐，并贯彻开放式、平台化创新的战略。在公共领域，移动化的社区、旅游、医疗等服务方式正悄然兴起，有关方面的产品与模式的创新完美地体现了大数据和设计的结合。信息时代给予了中国工业设计发展的历史机遇，使其迅速从关注产品本身拓展到服务、商业模式等企业设计生态，部分企业实现了跨越性的发展，造就了一批核心产品和平台级应用的优势，标志着中国成功企业向OBM模式过渡的开始。例如，华为公司通过从技术转向消费者感受的产品定位，用设计改善品牌形象，其手机和应用业务增长迅速，2014年入选Interband评选的“全球一百个最具价值品牌”之列。华为和阿里巴巴一起，在2013年成为行业的世界第一。2018年第二季度的出货量为670万。华为的快速增长，再加上苹果新品发布的季节性，使其在欧洲市场的份额超过了苹果，达到了惊人的24.8%（图3-28）。

3.3.2 迎接新趋势，做最好的产品

近年来，设计在世界上的地位得到极大提升，设计在日常生活中的作用变得越来越普遍，越来越多地参与到社会生活中去。可以发现，设计的未来可能已经远远不是现在所能看到的样子，设计的界限也将逐渐消失，随之传递给我们更多的可能性。

从设计师的角色来看，也许在未来的五年，传统的平面设计师、UI设计师和技术人员之间的界限会逐渐模糊，以至于消失，设计师更加热衷于跨界跨行的衍伸与拓展，让设计本身不具边界。对设计师来说跨平台设计的能力变得越来越重要，寻找结合点也将变得非常关键。从产品设计的角度来看，未来的产品设计会影响到使用者的空间感。比如一提到智能设备，人们想起的已经不再是简单的移动式终端产品，而单单把电路板接到网络里是无法创造出“聪明”的产品的，产品设计将不仅仅满足功能需求，还需要满足情感需求，并直接影响到用户的体验，甚至影响到用户的整个空间。未来的产品会在功能性和情感之间寻求一个平衡：设计带来的是舒适感、熟悉性，以及使用者的自我认同。从设计工具的功能来看，设计方式将会不断更新，未来的设计形式不仅仅是4D呈现。今天的设计工具大部分都根植于传统，是二维的、静态的，未来的设计工具会更多样化，甚至不再依托于工具本身。从设

图3-29 智能温控器 Nest（设计者：托尼·法戴尔）

计的观念来看，未来设计将更加注重可持续性和再生性，这也是社会生态的必然发展。现在，越来越多的产品正在致力于实现零浪费，更多的产品将减少50%的水消耗，或降低50%的能源消耗，同时优化设计流程来保护使用者的健康，真正地实现可持续（图3-29）。未来的产品设计将更多的满足个别用户的需求，定制化设计也将更加受宠，比如一些人会利用3D技术去实现自己的设计。可见未来的消费者和使用者将被一大堆新东西包围着，这就是未来的生活。而作为设计师也将面临多重思考，设计者的角色又该如何定义？你将不得不从心理学、历史学、社会科学等多个角度去思考你的产品，更需要站在生活的本源去探索属于你自己的道路。正如设计师原研哉先生所说的："设计师不只是一个很会设计的人，而是抱着设计概念过生活的人。"

正因为此，2018年日本G-Mark设计奖最高奖项颁给了"寺庙零食俱乐部"这个项目，对于设计师们来说，它并不算一个真正的产品设计类别，并引起了设计界诸多争议。然而这个"把食品提供给有需要的人、回馈给在社会里生活疾苦的人们"的项目一经推行，立刻得到了周边人的极大的支持与应援。正是这样的争议与矛盾，让设计师们开始反思：我们与其去分辨、评判设计的界限，倒不如去探索设计的本源与真谛，也许"零食俱乐部"就传递给我们一种"设计"的共性——帮助人们更好的生活，同时这也是社会给予"设计者"的最高荣誉（图3-30）。

一个小小的拉链是微乎其微的一种物品，然而拉链的安全隐患对于老人、儿童来说也有一定的问题。QuickFree拉链将插入口的面积扩展到了原来的3.18倍，让操作更加便捷，方便老人小孩使用。由于使用的是具有弹性的树脂材料，拉链左右施加力时，它会自动解开（图3-31）。

图3-30　2018年G-Mark大奖“寺庙零食俱乐部”（设计者：松岛靖朗）

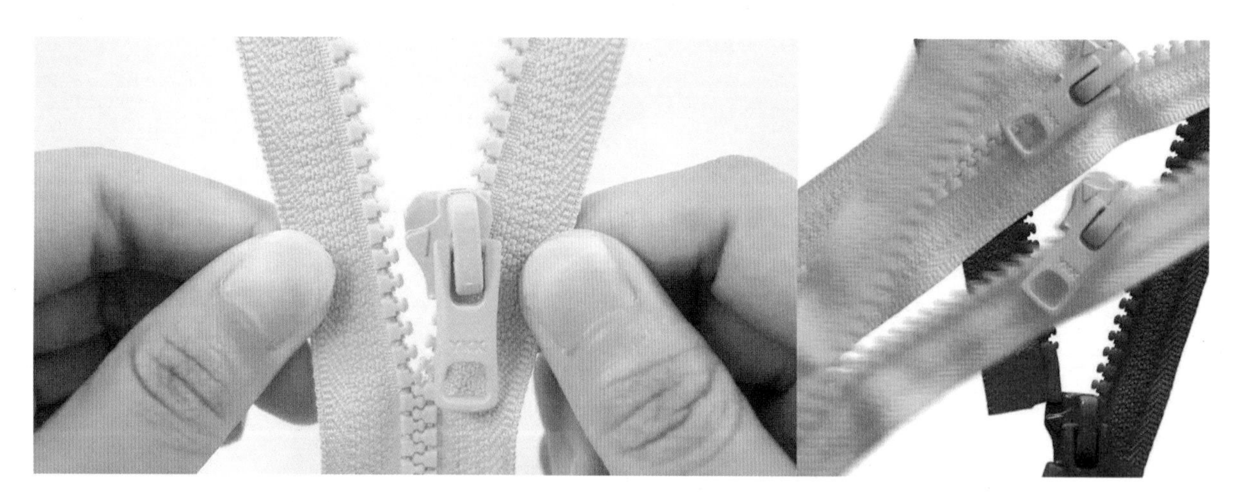

图3-31　“QuickFree”拉链（设计者：Kojima Masayoshi，Sato Hideki）

3.3.3 做最好的自己

从大一新生到应届毕业生，对专业的迷茫与困顿其实一直都在。他们纠结的也许不是工业设计应该怎么学、设计应该如何做到最好等，疑问最多的是毕业之后能做什么？作为设计师，我们也需要明白一个最浅显的道理：努力才有回报。不论什么职业，求职本身是一件个人与用人单位相互认可的活动，企业希望招进来的学生可以直接创造价值，学生希望第一时间展现自己的价值，只有找准自己的位置，才能找到真正适合自己的路。

借此机会，笔者“采访”了几位年轻的设计师，有的离校多年已成为职场老兵，有的刚刚跨出校园正体验着设计工作的酸甜苦辣，有的正在享受着学习生活所带给自己的无限乐趣。希望通过以下这些文字，能够向大家分享工业设计专业学生从跨入校园到步入社会的种种体会，希望从他们的言语中让更多的同学或设计同行感受到设计的温度与真诚。

图3-32 黄郅颖
黄郅颖（中国计量大学现代科技学院，12级工业设计专业学生，现蚂蚁金服高级体验设计师）

我：“你大概在什么时候，开始对工业设计感兴趣，那时候有喜欢的方向吗？”

黄：“高中的时候觉得数理化等文化课限制了个人所长，所以很早就对大学专业做了比较细致的了解（那时候无知的我觉得大学是翻身的好机会），在高三的时候对工业设计和UI设计有了极大的兴趣和比较全局的概念（因为我们学校只有工业设计，所以选了工业设计）。”

我：“大学期间，还记得什么课程对你以后的工作经历有所帮助？”

图3-33　大一阶段插画练习（设计者：黄郅颖）

图3-34　大二阶段APP界面设计练习（设计者：黄郅颖）

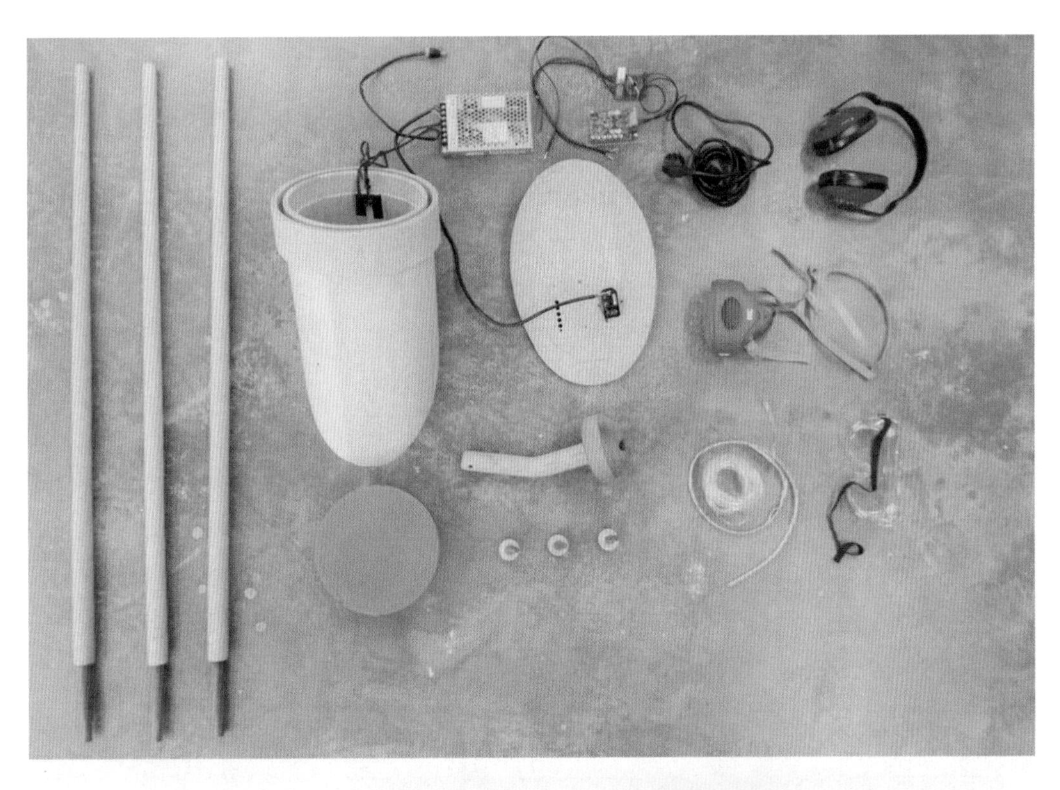

WORKING

DETIALS

音乐的意义与乐趣之一在于分享，分享的意义在于价值。流光溢彩，婉转动人，一木情缘，一段匠心，好音乐值得承载与一件用心的产品之上。

图3-35　毕业设计作品——木制音响（设计者：黄郅颖）

图3-36　工作时期部分设计作品（设计者：黄郅颖）

黄：“设计心理学、平面构成、产品速写、毕设（如果毕设算一门课的话），觉得软件类课程虽然当时认为见效快，但最终并不能起到什么决定性影响，因为软件只是做事的工具，最终都会熟能生巧，设计心智和方法才对作品起决定性作用。”

我：“大学四年间，在你的专业领域内，还记得什么印象深刻的事件吗？”

黄：“做毕设的时候定了个很难的目标，做一个造型诡异但具可用性的纯实木特大号蓝牙音箱，开题答辩通过后我就后悔了，一下子完全想不到要怎么展开工作，而且费钱费力，于是我决定做完设计工作后窝到木工房里手工搓木头，最后音响真被我搓出来了（中间省略各种结构电路声学木艺等难题），花了一两个月，最后点亮音乐的那一刻还是很激动的哈哈哈。”

我：“毕业后你去了几家互联网企业，可以分享一些你的工作经历吗？”

黄：“刚毕业在一家无人机公司做UI设计师，但后来的工作竟然需要我配合设计相机自动构图和软件自动剪辑的算法，还负责设计滤镜和相关算法，这些事情熬了大半年最后竟然都做出来了，并且切实把自己的成果带给了消费者，感悟就是不要给自己限死能力范围和职业定位，因为设计本身是一种为了解决问题的综合能力，可以无所不用其极，不存在也不应该存在纯粹的UI设计师、动效设计师，当然前提还是要先把本行做专业最好。”

我：“现在的你，想对曾经的自己说什么？”

黄：“不要给自己设限，不要不好意思和陌生人打交道，不要因为小成就沾沾自喜也不要过度自卑，尽可能学习自己专业领域感兴趣的一切知识并持续深入了解。趁大学闲暇，多出去走走看看世界，多玩（以后时间和精力太稀缺了），多读各种书，书真的很香，还有不要浮躁。”

我：“面对工业设计专业的新生及学弟学妹们，最想说什么？”

黄：“我们这群已经在社会上‘混’的‘老年人’，每年都会哀叹为什么当初不尽可能多地抽出时间用来学习，虽然你们大概不会因为这句话就把学习更放心上，但真心地说，步入社会才觉得，在校期间可以免费获取那么多学习资源和试错机会，像我以前那样浪费掉实在太可惜了，工业设计是一个非常考量综合技能的设计专业，所以这一点对这个专业来说尤其重要。再补充一下，所有的设计难题一下子发懵的时候都不要慌，拆解到最小颗粒度都能找到解决办法，然后始终保持在网上看最好的作品的习惯，不要去看和效仿模棱两可的作品，就只看最好的。”（图3-32～图3-37）

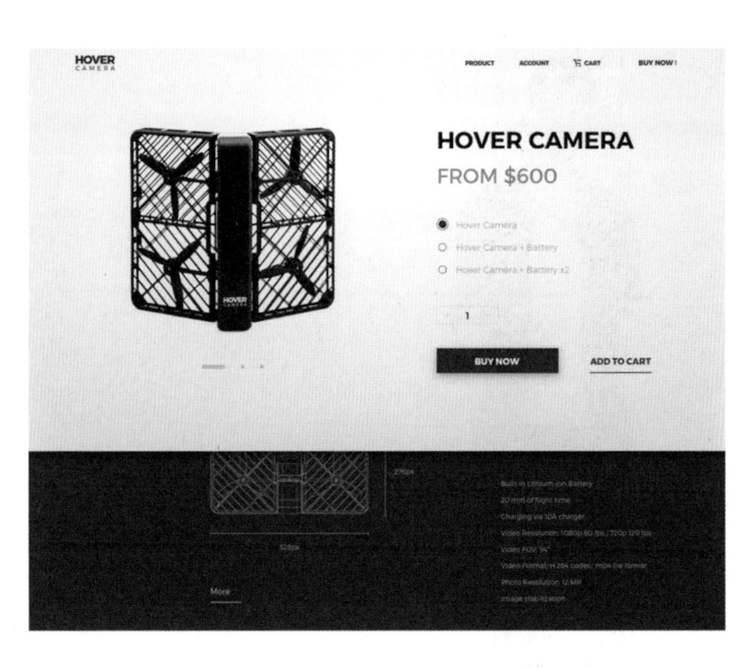

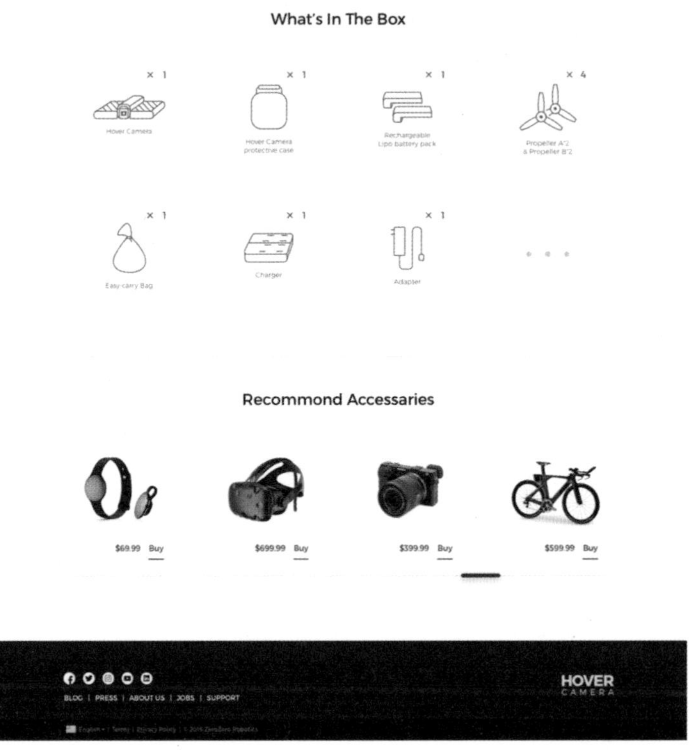

图3-37　HOVER CAMERA网页设计、豌豆荚产品设计（设计者：黄郅颖）

图3-38 张明吉

张明吉（中国计量大学，09级工业设计专业学生，现杭州洛可可创新设计有限公司总经理，预备合伙人）

我："在校期间，什么课给你的印象比较深刻？"

张："基本上都挺有帮助的，但每一门课都有一两个记忆深刻的片段，回想起来其实对现在的设计认知很有指引作用。对价值观影响最大的是'设计心理学'，它给我们构建了一个全新的看待世界的视角，用设计发现问题、塑造人心、寻找理性、维护正义。'产品专题设计、系统设计、开发设计'三个课程分别开启了我对宏观背景、系统体验、品牌营销认知的大门。"

我："大学四年尤其珍贵，有没有感觉特别有意思的事情？"

张："太多了，举1个例子吧。浙江省工业设计大赛，从想法的产生开始就是一个巨大挑战，无数次的调整修改甚至推翻重做。对学生来说，快速地产生一个idea，迅速落实设计是一种本能，这在真实的设计环境当中是投机和偷懒的。作为一个学生要不断推翻自我、否定想法是一个很痛苦的蜕变过程，但由此产生了对设计更系统性地思考，将idea变为完善的concept。同时省赛需要提交实物参赛，入驻手办厂也是一个学生宝贵的经历，去了解材料、工艺、生产、结构，设计的语境会在过程中不断地拓宽，再从一个纸面的concept进入实际implement。其实在这个不断完善的过程中，让学生建立'或许还能有更好的解决方案'是至关重要的，这是在今后的成长中，打破固化思维、拓展认知边界、放下自我、精进设计的重要种子。"

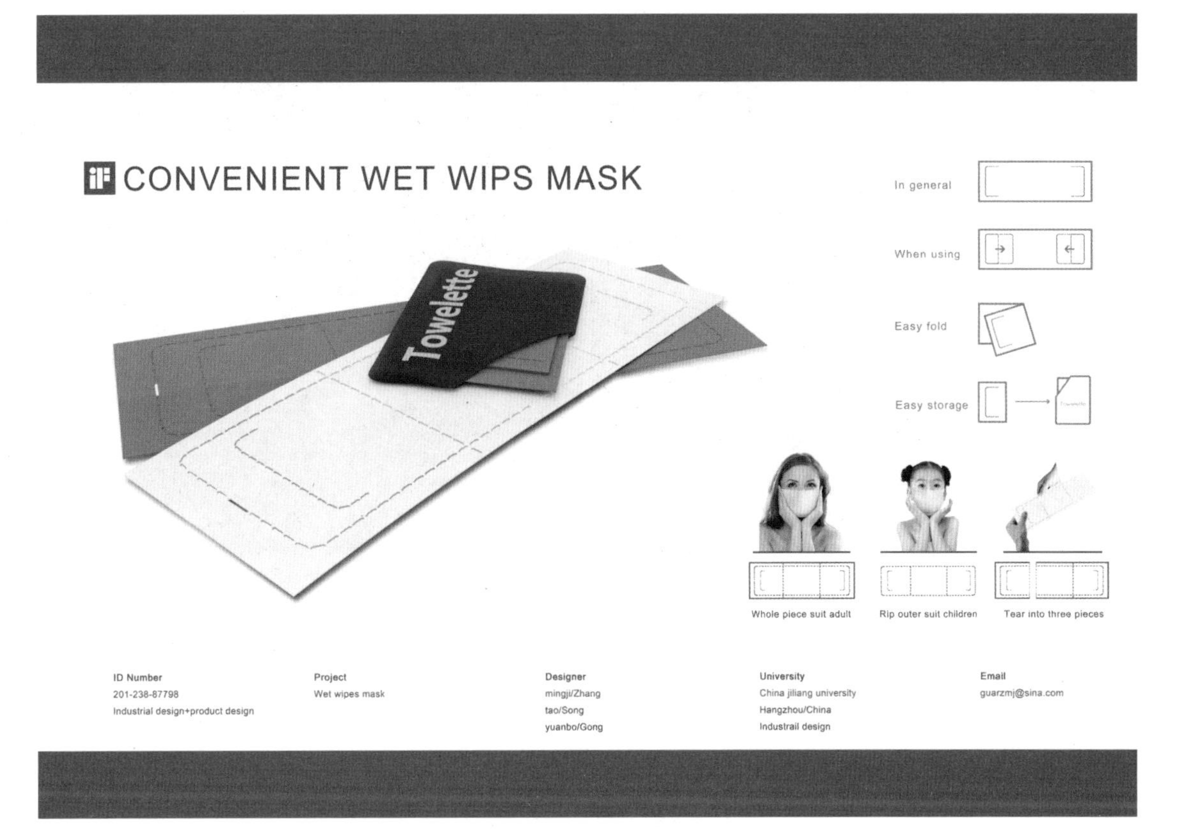

图3-39　IF设计竞赛获奖作品（设计者：张明吉）

图3-40　米兰游学团队伙伴（图片提供：张明吉）

图3-41 米兰游学设计活动（图片提供：张明吉）

我："毕业之后，你的学习和工作生活还挺丰富多彩的，给我们分享一些有趣的经历吧。"

张："在中国美术学院读研究生期间做了很多事情，研二参加了一个比赛，是美国art center的一个硕士课程，后开放为社会化的竞赛叫formula-e皮筋车大赛。参赛者有且只有一根5米长皮筋，从而制作一款以皮筋为动力的遥控车。从研发、设计、结构、电路、遥控、打样各个维度亲自上手，从无到有创造产品。同时还要构建团队的品牌建设，参与社会公益等等，这是一个前所未有的挑战和经历。我作为队长，在没有任何经验的情况下，和团队克服了无数困难，最终获得中国第2名，到美国参加决赛。这是一个孤注一掷的比赛，团队上下一心、不断突破、永不言弃的精神是决胜的关键。

然后我在意大利米兰理工，作为国际交换生学习了服务设计，正巧为了迎接米兰世博会，参加了主题为解决米兰实际的社会问题的课题。以组队的形式，我和其余5个意大利人一组，融入他们的家中，一起办公、调研、逛街、做礼拜。印象最深刻的是老外之间高度的团队合作精神，每个人都明确自身的工作和团队使命，强大的自驱力在推动整个项目的前行，这种状态在国内是少见的。同时每个成员之间互相尊重、帮助、诚实、友善，遇到自身的问题会及时检讨，有好的想法会不吝言辞，是一种很优质的合作状态。

之后我在2016年加入洛可可，负责策略研究，开始搭建杭州的策略部门，基本上属于从零开始。从以前的设计输出者，转化为研究者，看待专业的视角发生了很大的变化，开始从市场、用户、趋势、品牌、渠道、营销等立体的维度思考设计。后来又作为团队主管，从一个自我价值提升者，转变为他人价值挖掘者，从管理的角度思考设计。再成为组织第一决策人，从一个业务管理者，转化为文化、战略塑造者，开始从使命的角度思考设计。这都是未曾预期的变化，但都给我不一样的体验。"

我："面对工业设计专业的新生及学弟学妹们，最想说的话是什么呢？"

张："早睡早起，锻炼身体，刷过厕所，才懂设计。"（图3-38～图3-44）

图3-42 阿里巴巴菜鸟小G物流机器人设计（设计者：张明吉）

图4-43 章鱼回收产品设计（设计者：张明吉）

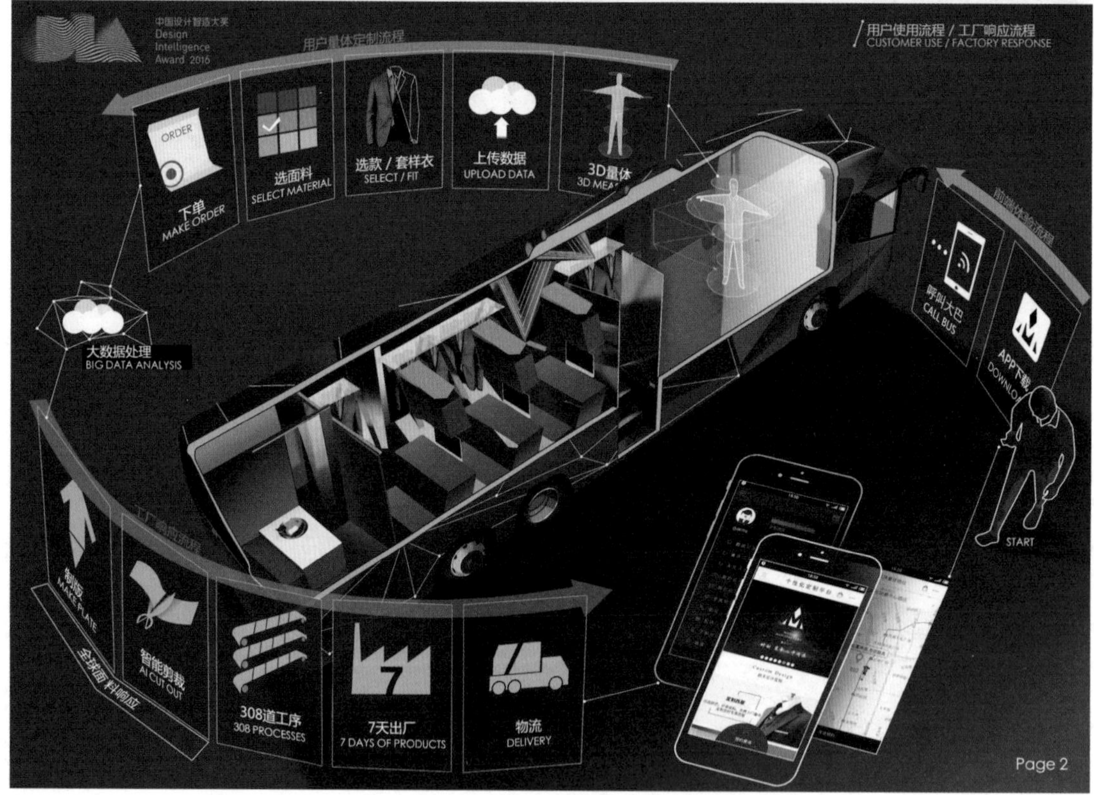

图3-44 2016中国设计智造大赛“魔幻大巴”（设计者：张明吉）

图3-45 金李沁

金李沁（中国计量大学，2012级工业设计专业，现米兰理工大学服务设计专业研究生在读）

我："大概在什么时候开始对工业设计感兴趣的？"

金："其实刚开始大一的时候，对工业设计真的是懵懵懂懂，还考虑过换专业。因为我本身是理科背景的，第一年学习素描色彩这些基本功的时候就很吃力，有挫败感吧。（幸好我没放弃！哈哈）后来就是大二开始有一些关于产品语义学、设计史的理论课程时开始体会到，原来设计背后的逻辑是这样子的，就开始主动去了解，会自己看一些展，了解一些行业资讯，慢慢地培养了自己的兴趣。"

我："读书的时候，什么课程给你的印象最深刻？"

金："不得不说是去景德镇学习陶瓷调研的那一个星期。能动手做东西就是一件很棒的事情啊，还记得每次开窑叮叮当当的热陶瓷遇到冷空气发出的声音。到现在我都想再回去一趟。也是第一次感受到了匠心之意吧。我还学习了一些工艺拉坯上釉等手艺，后面参加工业设计比赛的作品也是一件茶具，那次经历给我的收获很大！"

我："毕业后，你去意大利继续学习了，留学期间给你留下印象最深刻的是什么？"

金："毕业后，我选择了米兰理工大学的服务设计专业，在研究生期间，学习了服务设计理论和工具，也在两年的学习中参与了意大利裤袜品牌calzedonia的品牌活动策划，电影制作公司filmlive在米兰设计周的活动策划，意大利监狱电子系统的改良设计等项目。在2018年的4月份开始在德国电信deutsche telekom的creation center作为服务设计师实习了三个月，参与了区块链、柏林alba垃圾分类政策的改良等项目。后又在柏林一家咨询公司（dongxii）实习了三个月。其实每个经手的项目都很有趣，很特别。要说最深刻的话，可能是在学校里做的关于意大利监狱的项目，当时时间也非常紧迫，而且要理解很多关于意大利监狱政策以及与政府、欧盟的关系，这一点非常有挑战。再加上组里分工合作也不是很协调，就有很多崩溃的时刻，但最后做出来了非常有成就感，再回过来看的时候就觉得不管多么复杂的系统只要摸透了之后后面就不怕了。"

我："面对工业设计专业的新生及学弟学妹们，最想说的话是什么呢？"

金："保持好奇心！"（图3-45～图3-50）

图3-46 浙江省工业设计大赛获奖作品"与山"茶器（设计者：金李沁）

图3-47 留学期间在德国电信实习（设计者：金李沁）

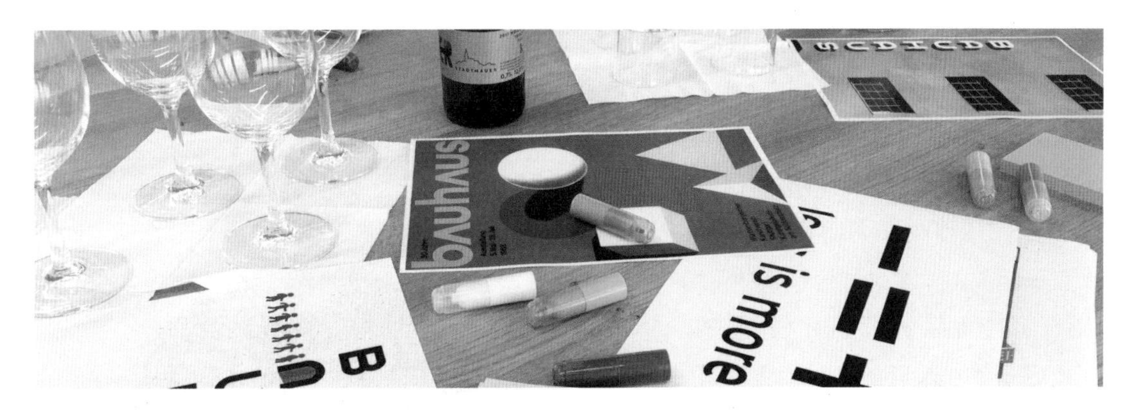

图3-48 米兰留学期间设计项目1（设计者：金李沁）

图3-49 米兰留学期间设计项目2（设计者：金李沁）

图3-50 米兰留学期间设计团队（图片提供：金李沁）

我："还记得进入校园之后什么时候开始对工业设计感兴趣的？"

李："作为一个艺术生，一开始理论基础知识对我来说还真的有点困惑，后来很多课程比如模型制作、民族工艺考察等，大家一起去购买木材做椅子，去买陶土做陶瓷印象就很深刻，慢慢地觉得工业设计还挺好玩的，就开始主动地去了解，使我对TA有了更多的认识。"

我："大学期间，你认为有什么课程对你以后的工作经历有帮助？"

图3-51　李文龙
李文龙（中国计量大学，2011级工业设计专业，现九丘品牌设计有限公司总经理）

李："毕业好几年了，现在回想起来，对我影响最大的是'产品市场学'这门课，自己做一些设计最后变成'小商品'，通过大学创意集市的平台对外售卖，在过程中研究产品策略、定价策略、营销策略，如何真正地把设计卖给消费者。给我构建了一个全新的设计认知和看待市场的角度，开始影响我对品牌设计的兴趣。"

我："大学四年间，觉得印象最深刻的过程是什么？"

李："印象蛮深的是第一次参加浙江省工业设计大赛，从想法的产生到无数次调整修改甚至推翻方案重做，再到面对各位评委把他们当作消费者来推销自己创意，这对一个项目的把控、团队的合作、客户的沟通还真是一次很好的锻炼机会。"

我："跟大家简单分享一下你的工作经历？"

李："毕业以后选择了平面设计这行（如果你想做设计，作品集真的很重要）。给我印象最深的是入职过的两家公司，第一家是我刚毕业去的一家小公司，虽然待遇不错，但是每天工作很简单，作品当然也很平庸，不多久我辞职了。我很感谢第二家公司给我的学习机会，两位合伙人和总监都毕业于清华美院，多年国外大型4A公司的设计工作经验，带领我们做一个项目从用户调研到设计落地，某些项目有时候要花半年时间，但让我学会了设计背后的逻辑，比如如何提炼品牌战略定位，如何运用视觉元素诠释品牌内涵，什么是如何以消费者市场为先导的策略化设计理念。"

我："离开校园，有没有遇到令你觉得失败或受挫的经历？"

李："和朋友一起做设计公司的前期，从项目设计到公司管理的转变，是挺受挫的。刚开始一个月没有项目，自己去跑业务，经常被拒之门外，再加上各种项目的不顺利，公司管理的一堆琐事等等。现在慢慢学会了管理和服务，相信并且坚持下去就会好起来。"

我："如果有机会对学弟学妹分享经验，最想说的话是什么呢？"

李："找到自己的存在感。"（图3-51～图3-54）

图3-52 大学期间设计作品（设计者：李文龙）

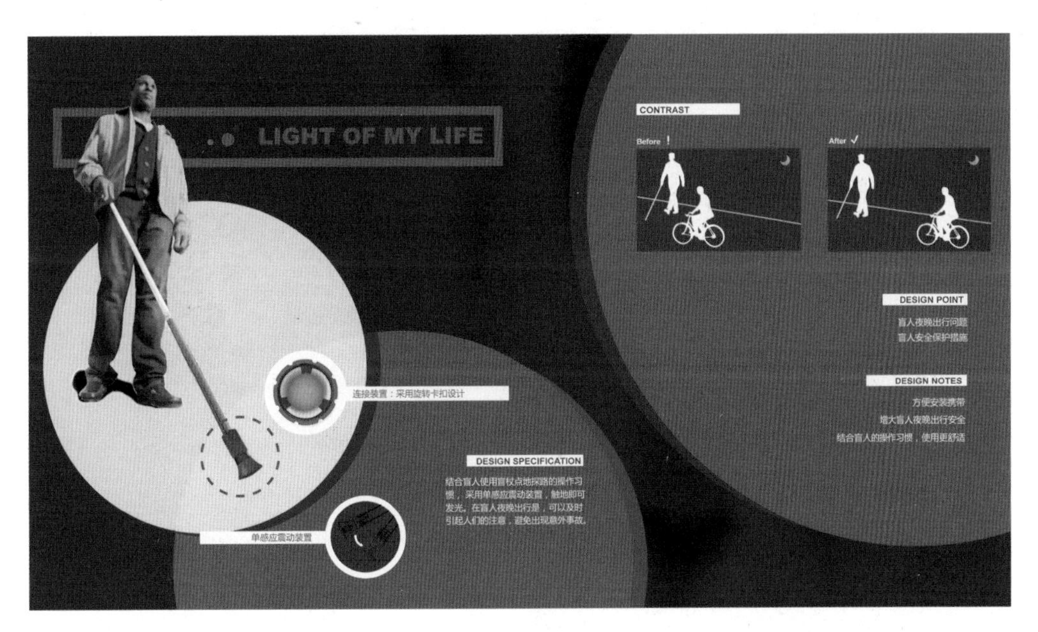

图3-53 浙江省工业设计竞赛获奖作品（设计者：李文龙）

参与了无数次对产品需求的调研访谈，这是一次让笔者印象最为深刻的“采访”。不一样的面孔，不一样的经历，对设计不一样的理解，但他们都有一个相同的地方，就是坚持。这是一个常见的词句，但更是一个饱含价值的词汇。虽然在大学生涯阶段，他们对这个专业有过彷徨有过困惑，经历了一番“磨炼”后，他们表达了各自对设计的追求，甚至对生活的热爱：唯有热爱生活，你才会爱上设计。

也许他们还未成长为一名成熟优秀的设计师，也许他们也正在饱受重重设计考验与历练，正是因为这些丰富的设计历程，才足以令人快速成长。这就是一条慢慢蜕变的道路，唯有享受道路中的种种风景，才会更加坚定不移地走下去。

最后，回到大家当初提问的问题，选择工业设计这个专业到底是为了什么？许多人会回答，是因为喜欢。这可能不是一位初进校园或者初入职场的设计师的回答。成熟的设计师将经历丰富的行业历程，首先是经历“迷茫期”，在专业学习的前两年就会到来，对专业迷茫、对未来迷茫、对自己迷茫；

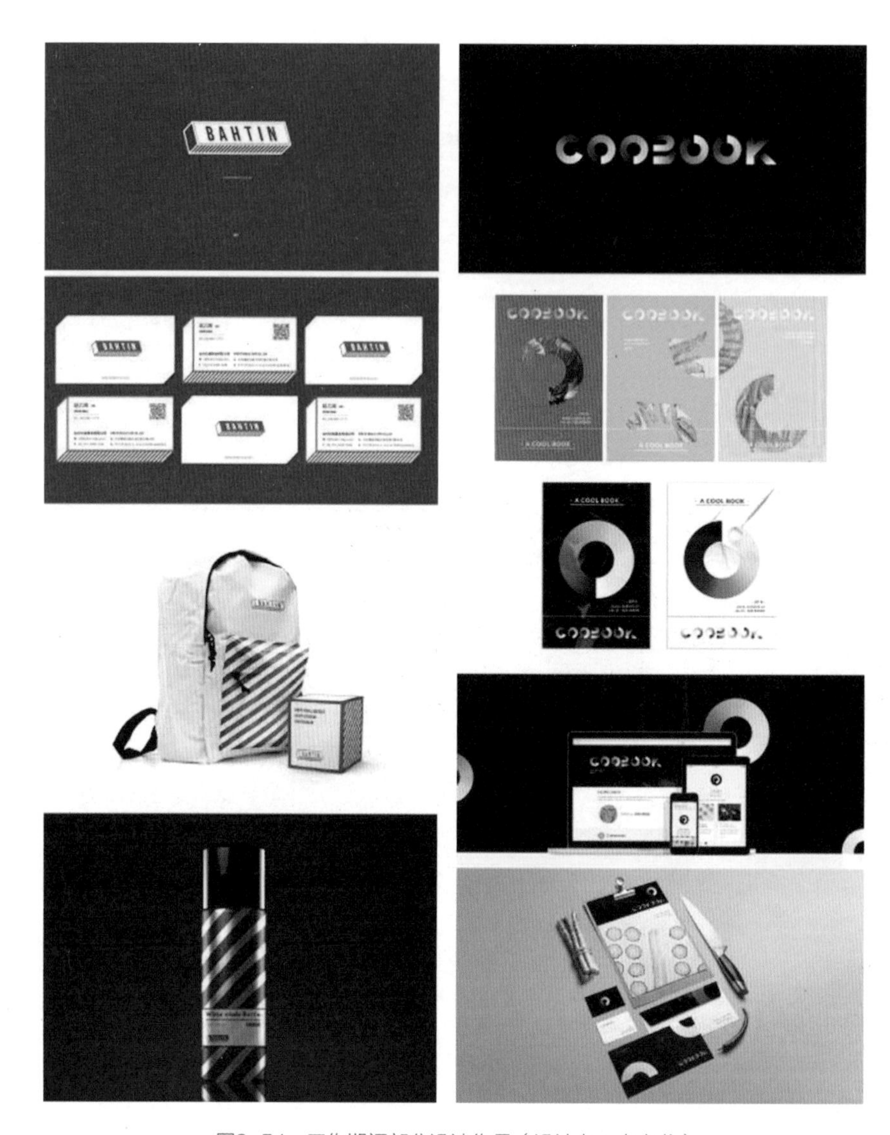

图3-54 工作期间部分设计作品（设计者：李文龙）

然后走进“生存期”，可以独立完成一些较大的设计项目，积累一定的设计工作经验，也能总结一些设计方法，但诸多不确定性，使自己的设计思维、能力还成不了体系；之后进入“稳定期”，职业的稳定，让有些设计师安于现状、停滞不前，也可让有些设计师静下心来反省思考处在新阶段的自己该往哪个方向走的旅途；步入“专业期”后，设计师会及时总结每次设计工作的经验，形成属于自己的设计方法，并且逐步完善个人的方法体系。发展到这个阶段比较艰难，说明设计师已深入理解设计师应如何工作如何发展，并且按照自己的方法体系坚持下去。最后，少数设计师将步入“影响期”，这个阶段的设计师一般会成为行业的精英，拥有非常完善的设计方法论体系、行业敏感度、商业把控度，他们会经常用设计方法体系影响行业和影响后来的设计师们。

现在的你也许正面对重重抉择、身处彷徨，又或许满怀热爱、充满向往；面向未来，请怀揣着那份初心、找到自己的位置，从“原点”出发，在真正适合自己的道路上，继续前行。

3.4 优秀设计图书推荐

书名:《未来简史》

作者:[以色列]尤瓦尔·赫拉利

出版社:中信出版集团

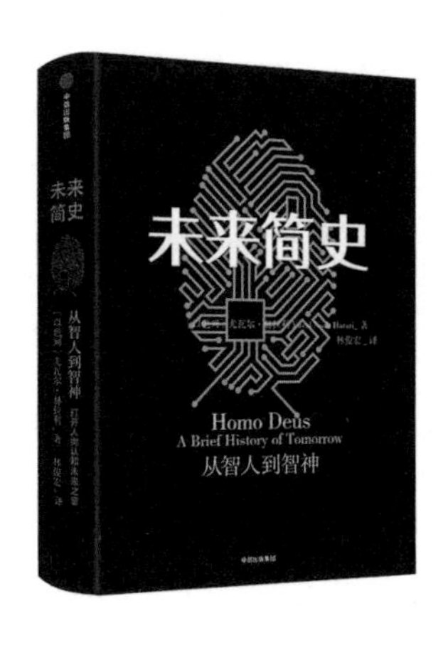

简介:进入21世纪后,曾经长期威胁人类生存、发展的瘟疫、饥荒和战争已经被攻克,智人面临着新的待办议题:永生不老、幸福快乐和成为具有“神性”的人类。在解决这些新问题的过程中,科学技术的发展将颠覆我们很多当下认为无需佐证的“常识”,比如人文主义所推崇的自由意志将面临严峻挑战,机器将会代替人类做出更明智的选择。

更重要的,当以大数据、人工智能为代表的科学技术发展的日益成熟,人类将面临从进化到智人以来最大的一次改变,绝大部分人将沦为“无价值的群体”,只有少部分人能进化成特质发生改变的“神人”。

未来,人类将面临三大问题:生物本身就是算法,生命是不断处理数据的过程;意识与智能的分离;拥有大数据积累的外部环境将比我们自己更了解自己。如何看待这三大问题,以及如何采取应对措施,将直接影响着人类未来的发展。

笔者心得:这本书探讨了未来人类的进化,同时也为人们明确新的设计学方向提出了理论依据。

推荐指数:★★★★★

书名:《人类简史》

作者:[以色列]尤瓦尔·赫拉利

出版社:中信出版集团

简介:以色列新锐历史学家的一部重磅作品,是从十万年前有生命迹象开始到21世纪资本、科技交织的人类发展史。十万年前,地球上至少有六个人种,为何今天却只剩下了我们自己?我们曾经只是非洲角落一个毫不起眼的族群,对地球上生态的影响力和萤火虫、猩猩或者水母相差无几。为何我们能登上生物链的顶端,最终成为地球的主宰?

从认知革命、农业革命到科学革命,我们真的了解自己吗?我们过得更加快乐吗?我们知道金钱和宗教从何而来,为何产生吗?人类创建的帝国为何一个个衰亡又兴起?为什么地球上几乎每一个社会都有男尊女卑的观念?为何一神教成为最为广泛接受的宗教?科学和资本主义如何成为现代社会最重要的信条?理清影响人类发展的重大脉络,挖掘人类文化、宗教、法律、国家、信贷等产生的根源。这是一部宏大的人类简史,更见微知著、以小写大,让人类重新审视自己。

笔者心得:这本书你只要拿起了就放不下,书中屡屡提及中国的相关史实,也能让人感到一种说不出的亲切,好像自己也被融入其中,读来欲罢不能。造物主作为最伟大的设计师,人类最大的竞争力是否是创新。

推荐指数:★★★★★

书名:《设计未来》
作者:[美] Jonathan Follett
出版社：电子工业出版社
简介：与下一次技术变革浪潮相比，近来的数字和移动革命是微不足道的。这是因为，从集群机器人到嵌入表皮的计算机，再到可生物打印的器官，这一切都会在未来几年开始出现。在这一非常有启发性的文章集中，设计师、工程师和研究人员分别探讨了他们为突破性技术进行体验设计的不同方法。设计不仅为如何运行和利用技术提供了框架，也把技术置入了一个更广阔的背景，这个背景包含与技术相互作用的整个生态系统，以及非预期后果的可能性。

笔者心得：这本书跨越了以介质来命名的设计，同时对未来社会出现的设计者、设计商业、设计社会形态进行了探讨，值得设计师来了解和回味。
推荐指数：★★★★★

书名:《奇点临近》
作者：Ray Kurzweil
出版社：机械工业出版社
简介：人工智能作为21世纪科技发展的最新成就，深刻揭示了科技发展为人类社会带来的巨大影响。本书提供了一个崭新的视角，展示了以人工智能为代表的科技现象作为一种“奇点”思潮，揭示了其在世界范围内所产生的广泛影响。本书既详细介绍了人工智能的基本概念、思想和算法，还描述了其各个研究方向最前沿的进展，同时收集整理了详实的历史文献与事件。

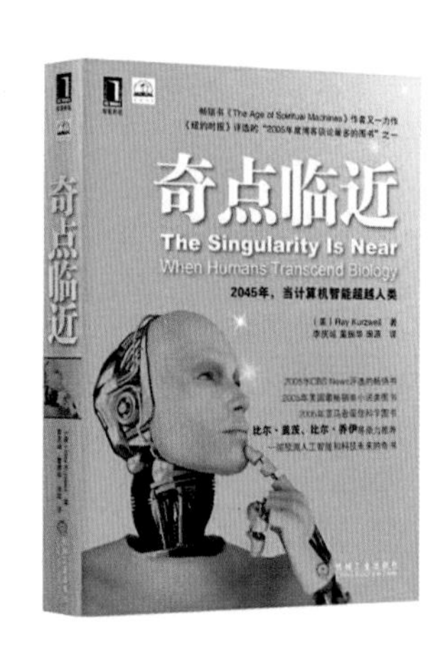

笔者心得：各种科幻电影和小说都曾对奇点进行假设，一旦奇点临近，设计的外在形式也必将发生变化，作为设计师不仅需要了解现在更需要坦然面对未来。
推荐指数：★★★★

书名:《设计方法与策略——代尔夫特设计指南》
作者:[荷] 代尔夫特理工大学工业设计工程学院
出版社：华中科技大学出版社
简介：本书将所有策略和方法依据其所适用的范围进行归纳——从筹备设计项目、探索发现、定义设计问题到开发创意概念、评估决策、展示和模拟。这种采取系统分类的方法在设计类图书中是独一无二的。它不仅能帮助设计师在设计过程中反思自己的定位，还能更有效、准确地辅助设计师合理利用方法解决遇到的难题。如何针对特定的目标和相关资源制作项目计划？何时在怎样的情境中如何使用某个特定的方法？使用某个方法能或不能得到哪些结果？这些实际的问题，你都能在书中找到答案。

笔者心得：作为方法和策略而言，这本书对现有的设计方法进行了总结和归纳，是一本很好的设计工具书，作为对现有工业设计体系来说，值得深深品味。
推荐指数：★★★★

书名:《安藤忠雄连战连败》

作者:[日]安藤忠雄

出版社:五南图书

简介:本书中，安藤回顾了其过去多年的工作，叙述了在困难面前的挑战和奋斗，面对多次挑战建筑竞赛的“失败”，安藤没有向困难妥协，以其非比寻常的勇气和信念，不断向建筑挑战。书中反映了安藤对建筑设计工作的执着追求和锲而不舍、百折不挠的精神。这是一部对年轻人具有启发意义的、难得的好书；特别是对青年建筑师和建筑系学生而言，具有重要的借鉴意义。

笔者心得:在任何设计项目过程中，失败是最值得反思的，这本书是对失败作品的总结。其最终成为一代大师，值得年轻设计师们学习。

推荐指数:★★★★

书名:《设计领导力:顶尖设计领导者建设和发展成功设计团队的经验和心得》

作者:[美]理查德·班费德

出版社:机械工业出版社

简介:书中采访的领导者多拥有设计技术背景，但缺乏企业管理经验。一些受访者从设计师职位白手起家，突然转到领导岗位后，一时找不准方向。也许是因为蜀中无大将，廖化作先锋，但又不得不赶鸭子上架——说你行你就行，不行也得行。他们从无到有地摸索领导方法，最终学会用专业技能和设计理念勾勒出最合适的领导模式。

笔者心得:最接近CEO的是产品经理，最成熟的产品经理未必是设计师，要想创造更大的价值就需要设计师们去不断赶超自我。

推荐指数:★★★★

书名:《从零开始做产品经理》

作者:萧七公子

出版社:中国华侨出版社

简介:根据产品经理的能力需求与成长体系，共分为八章内容，从了解产品开始，到挖掘用户需求、进行产品设计、管理团队、进行项目管理、产品运营、把握产品的生命周期，以及产品经理的成长路径，全面阐释了产品经理的修炼之道。

笔者心得:作为产品经理，是以结果为导向还是以过程为导向，什么样的产品经理是好的产品经理，本书给出了答案。作为工具书，内容完整，但文中一些诠释方式有待商榷。

推荐指数:★★★

参考文献

[1] Donald A. Norman．刘松涛译．未来产品的设计[M]．北京：电子工业出版社，2009.

[2] [美] Thomas Lockwood．李翠荣，李永春译．设计思维整合创新、用户体验与品牌价值[M]．北京：电子工业出版社，2012.

[3] [日] Nikkei Design．谢蔺镁，林大凯译．设计师一定要懂得材质运用知识[M]．台北：旗标出版股份有限公司，2016.

[4] [美] 邱南森（Nathan Yau）．张伸译．数据之美[M]．北京：中国人民大学出版社，2013.

[5] [西] 艾琳 · 阿莱格里．胡海权，赵妍，孟杰译．产品设计构思与表达[M]．沈阳：辽宁科学技术出版社，2016.

[6] 赵伟．会管理，就是懂带人[M]．北京：文化发展出版社，2017.

[7] [美] 娜塔莉 ·W· 尼克松（Natalie W. Nixon）．张凌燕，郭敏坪译．战略设计思维[M]．北京：机械工业出版社，2017.

[8] [英] Nigel Cross．任文永，陈实译．设计师式认知[M]．武汉：华中科技大学出版社，2013.